U1015784

寿　司

鱼片与醋饭背后四百年的秘密

The Zen of Fish

the story of sushi, from samurai to supermarket

郭伟强◎主编
[美] 柯森◎著
林婉华◎译

中国人民大学出版社
· 北京 ·

目录

作者序　從日本傳統到全球化的壽司　1

第一周　开始学习制作寿司　13

第一章　寿司学校　7

第二章　爱上吃寿司　13

第三章　没有霉菌就没有寿司　16

第二周　腐烂的鱼和性别歧视　21

第四章　海洋的味道　23

第五章　像酒鬼的呕吐物　27

第六章　每粒米中的七位神　34

第七章　进军洛杉矶　44

第八章　没有女人的寿司世界　51

第九章　在好莱坞卖寿司　58

第三、四、五周　捏寿司和杀鱼的门道　69

第 十 章　为你量身打造的寿司　71

第十一章　卷寿司的秘密　76

第十二章　小小寿司的大学问　84

第十三章　一口接一口　88

第十四章　教会美国人品鲜鱼　92

第十五章　寿司吧台秀　96

第十六章　采买海鲜　101
第十七章　料理青花鱼　106
第十八章　美女做的寿司　112
第十九章　重要的测验　115

第六周　比创意的卷寿司　121

第 二十 章　西方的寿司王国　123
第二十一章　虾的男子气概　127
第二十二章　料理鱼的技术　132
第二十三章　沙西米　138
第二十四章　皮发亮的鱼　142
第二十五章　卷出创意　146
第二十六章　班上的一分子　151
第二十七章　奇思妙想　153
第二十八章　生吃章鱼　156

第七周　准备上场　159

第二十九章　和老师道别　161
第 三十 章　淡水鲑鱼　163
第三十一章　鲷：鱼之王样　171
第三十二章　料理鲥鱼　182
第三十三章　扁平的比目鱼　191
第三十四章　往日荣耀　198
第三十五章　上场服务客人　200

第八周　寿司技艺再精进　207

第三十六章　日式威尔刚：鳗鱼　209

第三十七章　料理章鱼　216

第三十八章　巨蚌　223

第三十九章　下等鱼：黑鲔　227

第 四十 章　料理鲔鱼　234

第四十一章　寿司功夫　240

第四十二章　忙碌时刻　246

第四十三章　醉酒的大师　252

第九、十周　寿司店的新气象　257

第四十四章　料理海胆　259

第十一、十二周　毕业了　265

第四十五章　最后一支舞　267

第四十六章　让人又爱又恨的老师　272

第四十七章　寿司师傅大赛　274

第四十八章　毕业派对　281

尾声　287

第四十九章　返乡　289

一年后　295

附录一　如何正确吃寿司　297

附录二　用日语点寿司　303

作者申明

本书是纪实小说，书中所有的人物、地点和事件都是真实的。所有描述皆根据第一手报道；书中多数情景皆为作者亲眼所见。作者与加州寿司学院毫无关系，研究期间所有的寿司消费皆为自费。

编辑弁言

本书括号内以楷体呈现之内容，皆为译者注。书中日文发音以斜体英文字表示。

■作者序

从日本传统到全球化的寿司

我和很多美国人一样，从小就在住家附近的中国餐厅吃左宗棠鸡，在日本餐厅吃铁板烧。但除此之外，我对东亚一无所知。寿司，我甚至都没听说过。

15 岁后，我就读于华盛顿一所提供中文课程的学校。这所学校也提供奖学金供学生到中国和日本求学。那是 80 年代中期的事情，这些课程和奖学金都很稀有，因此我觉得自己应该善用它们。当时我对于东亚还没有什么兴趣，但我仍然申请要学中文。

我学了几个月中文后，申请了学校的奖学金，到日本待一个夏天，修日文课程。在我前往日本前，负责学校东亚研究课程的女士召唤我到她的办公室。她表情严肃地看着我："好吧，你现在是学了一些汉字，但你吃过寿司吗？"

她担心日本接待家庭会给我们吃生鱼配饭，美国人不吃生鱼。假如我没有准备好要吃寿司，我可能会冒犯对方，甚至会造成国际事件。几天后，我坐在她在华盛顿办公室的日式地板上，盯着需要首度尝试的寿司。在那之前我只吃过煮熟的罐头鲔鱼，我甚至不知道生鲔鱼肉不是白色，而是红色。

我吞下寿司时，很想吐——这东西令人作呕。但我后来在日本再吃寿司时，我已经有所准备，成功吃下不少寿司。我开始对自己能吃下这么恶心的东西感到自豪。没过多久，我就发现自己其实很喜欢寿司。

从华盛顿的高中毕业后，我又到中国继续求学两年，然后再在日本学习三年。我学会了足够的中文和日文，可以应付日常所需，结交朋友，还能阅读报纸（身边要带着字典）。我爱上了中国和日本的菜肴，并到处品尝美食。

与此同时，美国的情况是，美国人也爱上了寿司。回首过往，我了解到，我在日本探索寿司的个人经验和美国发现寿司是一致的。这股潮流从洛杉矶和纽约开始，迅速扎根并蔓延到其他城市。冒险进取的美国人和我一样，对于自己能吞下与众不同的食物，似乎感到相当自豪。我旅居东亚多年返回美国时，寿司甚至已经开始出现在美国超市的外带盒里了。寿司也流传到欧洲部分地区。

我已经逐渐习惯寿司的味道，但我却在多年后才学到更多有关寿司的知识。我成为作家，这份工作让我进入不同领域。我撰述包罗万象的主题。例如，我童年时夏天都在美国东北海岸外一个小岛上度过，那里离加拿大很近，当地主要活动是捕捉龙虾，所以我撰述的其中一个主题就是捕捉龙虾。那些文章集结成我的第一本书《龙虾的秘密生活》，成为全球自然类书籍的畅销书。

我认为那本书之所以成功，部分原因可由近来的趋势所解释——人类愈来愈有兴趣学习食物来源。当我开始构思第二本书的主题时，我很想知道，是否有方法可以结合我对食物的新专业知识（尤其是海鲜）和我长久以来对东亚文化的兴趣？答案显而易见：我应该写本关于寿司的书。

当我开始进行写作时，寿司已经在全球许多地方扎根。在美国，寿司已经成为一种普遍的烹饪现象，遍布全国各地。

我在日本期间，日本朋友常带我到他们最喜欢的寿司吧用餐，所以我有幸能体验地道的寿司。但是当我开始研究寿司这个主题时，我发现我对寿司一无所知。事实上，我很快就发现，不管在哪里，都罕有人了解寿司的起源、文化传统及烹饪秘方，就连很多日本民众也不知道。幸好有一些学者（多半是日本人）进行了研究，能传授给我们关于寿司的诸多知识。

我身为作家，当时所面临的挑战是：如何让这难以理解的寿司知识，令一般读者感到有趣。我的解决方法是采用意想不到的方式：不写造诣精湛的日本师傅的技巧，而把焦点放在一种全新的现象上：年轻的美国人努力掌握（但不一定都会成功）寿司艺术，其中很多人根本没有亚洲背景。

现今，寿司已经成为十足的全球化现象了，其在华文世界的许多地区流传甚速，与深入美欧的速度不相上下。我希望本书中文读者能和我一样，发现寿司的精彩迷人，希望寿司食材迷人的秘密，以及寿司起源令人惊讶的历史，能让读者寓教于乐。因为事实上，寿司起源于东南亚，其演进发展是全东亚国家共同遗产的一部分，现在则是全世界共同的遗产。

柯森

2008 年 1 月，纽约

第一周

开始学习制作寿司

第一章
寿司学校

凯特的闹钟在清晨五点半响起，她强迫自己睁开眼睛，她的大学课程没有排在中午前开始的。前一天，也就是2005年7月4日，凯特用福特野马汽车载满行李，沿着海岸从圣迭戈一路开到洛杉矶。此时，未开封的箱子散落在小屋四处，她还没摆家具，也很想念爱犬。凯特迫使自己跳下床，从浴室的镜中看起来，她骨瘦如柴——准备来念寿司学校的那几周压力很大，她食不下咽。

在驱车前往学院的途中，凯特碰上洛杉矶的塞车阵，当她终于抵达荷摩沙海滩时，她已经快迟到了。一些身材标准的人穿着名牌直排轮鞋，沿着沙滩细长的走道滑下，还有几位冲浪者已经出海挑战浪潮了。在离海滩一条街远之处，凯特找到哈玛荷摩沙寿司餐厅，冲了进去。

餐厅看来冷冷清清，进入玄关，她看到左边是用餐区，有几张桌子、雅座，还有一个亮红色的寿司吧台，壁龛里有座金色佛像。

凯特从走道墙上的排气阀孔瞄到人影。她沿着走道进入一个屋顶挑高、有天窗的宽广空间。第二个红色寿司吧台横在后墙，有一张纤尘不染的钢桌延伸至屋内正中央，桌面没有水槽，像在实验室一样。

大家都转头看凯特。所有桌旁的位子都被人占满了，只剩下桌子前头最靠近日本师傅的位子。凯特心想，真是狗屎运。她只得走向剩下的那个空位。室内没有椅子，每个人都站着。这位师傅个子矮小，留着小平头，他介绍自己叫杉浦俊，是加州寿司学院的院长，也是哈玛荷摩沙餐厅的行政主厨。餐厅和学院共用这栋大楼。

俊是美国寿司的先驱，多数美国人还没听过寿司时，他却早在1978年前就在洛杉矶供应寿司了。俊的寿司吧餐厅叫哈玛威尼斯，位于圣塔莫尼卡南边的威尼斯海滩，在20世纪80年代和90年代初期，是整个洛杉矶最热门的寿司餐厅之一。两年前俊将他的心血转移到目前这家餐厅，没过多久，洛杉矶湖人队教练杰克逊就到此用餐，在墙上签名题字。

俊于1998年创立加州寿司学院。为寿司师傅开设学校是个创举，将近两百年来，要成为寿司师傅必须经过长期训练，往往费时五年以上，俊却想在几个月内训练出师傅。

俊聘请人员管理学校及教学。学院开课时，其中前四分之三的申请者甚至根本不是亚洲人，俊都一律予以接受。虽然他推测，许多日籍寿司师傅同行认为他是欢迎外行人进入寿司世界的叛徒。俊认为，美国人既然已接受了寿司，那么不训练美国寿司师傅就显得很愚蠢。自那时起，洛杉矶陆续有几家寿司学校开张，包括寿司师傅学院，是由之前任职加州寿司学院的讲师所经营。到目前为止，这些是美国唯一提供寿司师傅正式训练课程的学校。

任何人都能申请就读加州寿司学院，并不要求学生要有餐厅或厨房工作经验。有兴趣的人和家庭主妇入学了，有经验的厨师也来了，连美国几家最佳餐馆经验丰富的老手都能入学，但并非所有毕业生后来都成为专业寿司师傅。这几年来，非亚裔学生的比例仍然很高。

“早安！”俊大声招呼学生。在餐厅里，即使是下午或晚上，师傅来上班时都是这么说。俊还教学生当客人走进来时，寿司师傅就要大喊“欢迎”。多数美国人都认为日本人应该表现得安静而庄重，但在古东京，寿司师傅是声音响亮且喧闹的。

凯特立刻喜欢上了俊，他像武僧般，既激励人心，同时又很严峻。俊请这几位学生作自我介绍。凯特看了一下这些往后十二周将成为她同学的七男二女。她没料到大多数同学会是男性，她也不曾想过，女性（尤其是她这样的人）想成为寿司师傅，有何不寻常。她不知道一个穿肚脐环、打鼻钉，有爱尔兰与意大利血统的 20 岁女孩，为何不能做寿司。

其他学生也很年轻，多数是白人。他们来上课有各种原因。他们多半有餐厅厨房的工作经验，几位已经做过寿司了，而凯特则没有任何相关经验。

有位年轻男子是在北加州的天然健康食品杂货店制作量产寿司，他想到餐厅工作；另一位则看到寿司盛行的风潮，希望能在南加州买下自己的寿司餐厅；有位男士是得州厄尔巴索一家房地产和餐厅发展公司送来受训的，因为寿司现在是墨西哥边境的热门新菜色。

好几位学生想要开创餐饮事业，包括一位来自巴塞隆拿的女士。有个金发碧眼的 17 岁男孩来自科罗拉多州，他认为在寿司吧工作是邂逅女生的好方法；有个年轻女孩还在读高中，看起来是日本人，来自洛杉矶，她爸爸要她来学习日本食物；还有两个人看起来像菲律宾人或印尼的美国人；桌子最尾端是个日本人，他用很蹩脚的英文轻声自我介绍，他是大老远从日本来加州学寿司的，这似乎很奇怪。学院的教务主任是日裔美籍的杰，俊把全班交给他管理。整个学期他会照顾所有学生，帮他们解决问题。杰发给大家制服：黑长裤，绣着“加州寿司学院”的白色厨师服，还有白色平顶筒状的厨师帽。

凯特穿着街头流行服饰，身材纤细匀称，但对她而言，厨师服太大了。最后俊介绍学院的首席讲师，他将主讲大部分课程。凯特觉得很惊讶，讲师竟然不是日本人。

“我叫卓南。”他说话带有澳洲腔，全名是卓南 · 雷科克，在澳洲长大，取这个异国情调的名字是因为他有南斯拉夫血统。南斯拉夫、澳洲血统的寿司师傅还不是最稀奇的，此外，卓南还曾服役于优秀的澳洲皇家空军，当选过健美冠军，还是澳洲一家最富裕的企业不可或缺的左右手。为了寻求刺激，他参加加州寿司学院的课程，变成寿司天才。2003 年他 31 岁毕业时，俊立即雇用了他。

现在卓南白天在学院授课，晚上在餐厅寿司吧工作。卓南的体态匀称，身材精实，但已看不出健美先生的体格了。他脸形消瘦，言行举止迅速、精确。

卓南说：学生必须实习一百个小时才能毕业。以下工作都是取得实习时数的方式：在餐厅协助师傅；帮忙上菜工作；另外，学院通常在周末为市民举办三小时的寿司制作基础课程，当卓南或杰授课时，学生也可在旁协助。

卓南做说明时，俊则沿桌发放一个黑色盒子给学生。学生一一开锁，打开盖子，里面是价值 600 美元的刀，刀身刻着日文，这些刀子是日本一个以武士刀闻名的村子的工匠手工锻造的。

凯特目瞪口呆，她拿过最大的刀子是牛排刀，她唯一有自信烹调的食物是炒蛋。她申请寿司学校时，想象的是用竹帘卷把饭卷起来。

日本刀是举世最锋利的刀之一，1600 年一位势力强大的军阀统一日本后，带来一段和平盛世，到了 19 世纪末，武士不再获准佩带刀剑。这些制剑职人改行用薄片高碳钢锻造厨房用刀，刀锋比西方刀剑还要锋利，刀片只有一侧是斜的，不像西洋刀剑是两面斜口，这使得刀锋延展，更锐利。在中世纪日本宴请武士与贵族的宴会上，厨师展现令人叹为观止的刀工，在众多宾客前将鱼肉、牲肉切成薄片。现今，隶属于天皇的神官在神道教神社类似的祭典中，仍会挥舞刀剑。

卓南从他的箱子中取出最长的刀，刀身细长，刀刃长约 25 厘米，刀尖像个钻孔锥。

“这是你的‘亚纳基’（*yanagi*，柳叶刀）。”卓南说。

亚纳基是柳树的意思。尖细的刀身是柳叶的形状，这是寿司师傅在寿司吧工作用的主要刀刃。卓南举起另外两把厨房用刀：一把是矩形刀身，用来切菜，叫做薄刃刀；一把是三角形刀身，用来切鱼片，叫做日式菜刀。

卓南告诉全班同学，他们必须用手磨刀，而且要每天磨。高碳刀身能做出很锋利的刀刃，但刀刃也更显脆弱，而且金属容易生锈，所以日本刀需要每天保养。卓南解释，寿司师傅藉由磨刀，把刀子锻练成适合自己特定需求的工具。他还补充说，寿司师傅绝不和人共用刀子，只有师傅和徒弟间才可能共用。

卓南突然发小黄瓜给大家。

“好，拿出薄刃刀！”他喊道。凯特已经被这些日文搞得不知所措了，她四处张望。其他人拿出三角形的刀子。

卓南将一块长形小黄瓜垂直拿在面前，左手旋转，右手则削出一条很长的皮。他的手指头在刀片旁飞快移动，刀片直接对着脸。

“圆柱状削皮！”卓南大喊。当小黄瓜皮悬荡到砧板时，卓南停止了。

“好了，换你们！”他喊道。其他学生都拿起小黄瓜块，模仿卓南的动作。凯特拿起三角形的刀，这刀在她的小手上，感觉很突兀、很危险。这是把有着刀柄的巨大剁刀。凯特的妈妈和祖母以前总是说，**绝对不要对着自己切**。

我的天哪！凯特心想，**我没有医疗保险**。她对面的男子正削下一条长长的皮。

卓南将好几条小黄瓜皮层层堆叠，快速地剁，咚咚咚咚，声音就像机关枪一样。他又喊出另一句日文。

“细条！”这是包在寿司卷里的小黄瓜条的切法。

凯特试着像别人这样切，但结果只是毁了小黄瓜。卓南怒视她残缺不堪的切片，拿了一些自己的小黄瓜皮给她。

“你得用这些了。”他说。其他学生都不需要额外协助。

大家都切好小黄瓜后，卓南要求他们重来一次。

课程最后在十二点半结束，其他学生练习磨刀子，他们以指尖压着高碳钢，小心地在火山石上磨刀片。凯特觉得这样看起来很危险。稍微一滑，她立刻会划破指尖。她把刀盒盖上，一把刀都没磨，就悄悄溜出去了。她回到福特野马汽车上时，看到挡风玻璃上有张违规停车罚单。

开车回她那间空屋的路上，她不断在想，**我做了什么呢**?

隔天早上上课时，凯特打开刀盒。过了一夜，刀片已经生锈了。卓南在桌前瞪着她!

“凯特，”他当着全班的面怒吼，“你的刀子真糟！”

大家都在看。卓南拿了一把自己的刀给她。

“你得用这把了。”

这周接下来的日子都很凄惨，凯特一件事都没做好。

第二章

爱上吃寿司

凯特对于吃向来不勇于尝鲜。她从小就不吃鱼，她的家人也很少吃鱼，就算吃，也是吃炸鱼。他们也不太吃饭，而是吃马铃薯。

凯特的食欲很好，身材秾纤合度。她长得也很漂亮，并不是娇滴滴的模样——坚毅的下巴让她看来很有主见。

上学时她比较喜欢和男生往来，她喜欢那种同学情谊，可以彼此开玩笑、逗弄。她是个运动员，喜欢足球。凯特学视觉设计，还选修录影课程，自制短片，内容是她表演喜剧单口相声。

直到她高三时食指受伤，无法再玩足球，凯特因而变得郁郁寡欢，也不去上学了。后来，她生病了。

起初凯特以为只是流行性感冒而已。结果她住进医院，医生告知她罹患肾脏疾病。有阵子她情况好转，但后来病症又复发。她的病情始终没有得到确切诊断，体重直线下降。医生告诉她，她需要健康的饮食，吸收蛋白质和铁质，以保持身体健康。但是凯特的精力和对运动的热情已经弃她而去，她更消沉了。

出院后凯特饮食不太正常，快餐让她觉得吃不消。她失去胃口，再度觉得自己病恹恹，她又担心自己没有医疗保险，结果形成恶性循环，日益忧郁。

有位朋友试着说服她去吃寿司——毕竟鱼和海菜富含蛋白质和铁质。一开始凯特嗤之以鼻，但最后她态度软化了。朋友带她去附近一家寿司吧用餐，凯特尝试胡椒鲑鱼握寿司，尝起来新鲜、清爽。她点了更多，长鳍金枪鱼握寿司，然后又点了叫做酥脆海鲜卷的东西，肚子都快吃撑了。

不久凯特就每周吃三四次寿司。她喜欢这种食物，也喜欢寿司师傅的风趣、直率，这恰巧是她的风格，她和其中一位师傅成为朋友。她会等到寿司师傅面前吧台有空位才入座，和师傅会互相开玩笑，看着他工作。他让她觉得自己很特别，仿佛他是她的伙伴。她逐渐恢复健康，体重也增加了。

日本有个知名的短篇故事叫做《寿司》，是诗人暨佛学学者冈本鹿子女士于 1939 年所写，故事讲的是一名常在家附近寿司吧用餐的绅士。客人到寿司吧是为了逃避自我以及日常生活的烦忧。

故事中那位绅士自幼就讨厌饮食，对于任何食物都很反感，尤其是鱼，只吃一种日式炒蛋，因此骨瘦如柴，健康欠佳。绝望的母亲在家里设了一个临时寿司吧，准备了醋饭，孩子坐在她对面，她把袖子卷起，让他看看她空无一物的洁净双手。她像个魔术师般翻转双手，在掌中捏压一块寿司，放上甜煎蛋——常见的寿司料，和炒蛋差不多。

看到妈妈特别为他捏制寿司，男孩就有了吃的念头。他喜欢这种蛋和醋饭微酸的口味。妈妈捏出更多寿司，加上清淡的白鱼——比目鱼。男孩看着妈妈，吃得很开心。他长大后变成强健、英俊的男子，终其一生都经常吃寿司。

凯特把自己恢复健康归功于寿司，她的社交能力也恢复了不少。她不再那么常感到忧郁了，会花较多时间认识日常生活遇到的人，那让她感觉比较好，虽然她仍不时会陷入低潮。

她不知道自己想做什么。以前她曾经做过和人群互动的工作，例如发廊的接待员，她也在查克奶酪比萨店当过服务员和收银员，最近一次则是在海边冲浪店工作。她喜欢这些工作的社交层面，但没有一个工作让她有机会认识客人。她想从事的职业，是能与常客经过一段时间建立起情谊，最好还能彼此谈笑，使客人感觉很自在。

有一天，她在前往洛杉矶机场的路上，看到加州寿司学院的招牌，就把电话号码输入手机。一年来她半认真地考虑学做寿司。

家人却很疑虑：她没有烹饪经验，况且她实在没有理由离开圣迭戈。她在冲浪店的工作很不错，她喜欢待在海滩附近，而且她已经开始和店里一位经营者交往了。但凯特还是会想学做寿司，她向男友提到她考虑去洛杉矶的寿司学校上课，男友不希望她去。

凯特不喜欢那样。她打电话到学院，与教务主任杰通话。学费要5 500美元，她说服老爸帮她负担一半，她自己承担另一半学费和生活开销。她辞掉冲浪店的工作，在洛杉矶一个叫托伦斯的工业郊区，找到一间可按月承租的小房子，离荷摩沙海滩很近。

在学期开始前几周，凯特意识到自己下了一个很大的赌注，她再度食不下咽了。而就在出发前，她被男友甩了。

第三章

没有霉菌就没有寿司

开学第一周不久后，卓南把学生塞进餐厅老旧的货车，在十线道公路上往北行驶一小时后，在一家制作味噌的工厂停下来。凯特以为味噌是一种汤，但这跟寿司有什么关系呢?

他们穿越一扇大型车库门。宫古东方食品公司，其根源可追溯至美国最早的味噌制造交易，于第二次世界大战前由加州的日本移民所开创。该工厂目前制造好几种品牌的味噌。一位日本男子拿着一罐绿色粉末给学生看。

“这是霉菌。”他说。

没有这种霉菌，就没有寿司。

科学家称之为“米曲菌”，与所有霉菌一样，是真菌的一种。这种菌在野外有杀手级的家族。其中一种血缘最近的血亲，是有毒的致癌物质，1960 年的英国，这种物质只是长在一堆花生附近，就毁了 10 万只火鸡和鸭子。其他亲属就没那么令人惊讶了，比如世人所知的霉。

日本少数几家小店负责照料大多数的好霉菌。专家管理霉菌的态度仿佛在饲育赛马。有些店家已经贩卖最佳品种好几个世纪了。他们将霉菌备用罐保存在高度安全的地窖或藏在洞穴中。那个罐中的绿色粉末含有霉菌孢子——大约 1 兆个。

霉菌孢子处于休眠状态，但给它们一些东西吃，它们就会发芽，长出白色绒毛，就像过期面包上长的东西。

男子带领凯特和其他同学进入工厂楼层。凯特看到两层楼高的机器，有运输带和狭小的通道，还有四通八达的输送管。日本男子说，他每周一次将一点霉菌倒进其中一台机器的漏斗中，分量刚好足够感染约 3 000 千克的米。当米适当感染后，他就把米经由高压管倒进房子般大小的细菌培养器。

这个巨大的细菌培养器看起来像个核子反应炉。男子解释，里面就像个温暖、潮湿的洞穴。这台机器价值数百万美元，并配备一个自动贩卖机大小的控制仪表板。而在古时候，味噌制造者只用一个垫着毯子的盒子。

在细菌培养器中，霉菌疯狂吃米，以惊人的速度成长，像伸出触角的长春藤般，直到把 3 000 千克的米每一粒都诱捕入网。霉菌生长的速度如此之快，如果细菌培养器没有控制好，就像核子反应炉一样，温度会过热。两天后，这个绒毛网已经吃掉许多米，将近 230 千克的米就消失无踪了。

这时，男子煮好约 2 300 千克的大豆，用运输带把曲菌米送进电脑控制的搅肉器，与大豆一起搅拌，再加上海盐、细菌和酵母。

然后，这一过程就进入低科技作业。墨西哥工人一次把大约 600 千克的软糊物铲进桶中（桶跟佳骨肌按摩浴缸差不多大小），盖上防水布后，用起货机将它们运进温度控制的存取区。接下来这个过程就真的很低科技了——桶四处搁置几个月。

霉菌能制造消化酵素。酵素就像化学工厂的自动控制装置，工厂的装备线可以前进或后退。它们组装不同的分子，也拆散分子，动作很快。有种酵素可以将某种化学反应的时间从 7 800 万年缩短为 25 毫秒。

从霉菌的观点来看，米和豆科植物花了一辈子吸收阳光，长成太过于复杂的巨大分子。消化酵素将这些分子分解，酵素把蛋白质分解成氨基酸，把糖分解成简单糖类这种小能量棒。事实上，这就和我们处理食物的方式一样。人类如果没有酵素协助消化，就无法生存。

用防水布盖上桶后，味噌中的霉菌就窒息而亡。霉菌是无性产生孢子，所以来不及无性生殖就死亡了。男子要霉菌只是为了它的酵素，霉菌需要空气，但是酵素不需要，它们可以继续消化。

大豆富含蛋白质，其中多数是一种叫做大豆球蛋白的蛋白质。酵素将其分裂，留下一种称为谷氨酸盐的氨基酸。人类喜欢美味的谷氨酸盐，而且它对于人体运作很重要。谷氨酸盐是人脑和脊椎神经中最丰富的快速兴奋性神经传导素，人们相信这对思考和记忆很重要。此外，谷氨酸盐还是我们全身蛋白质中最常运用的建构基础。

酵素也分解米中的糖，留下葡萄糖和其他糖类，人类也觉得这些成分很美味。

这个程序还没结束。接下来，细菌登场了。制作酸奶和奶酪的同一种菌就是味噌这场盛会的灵魂人物。味噌在某种意义上来说，就是日本的奶酪。

细菌和霉菌一样，也制造消化酵素，但它的酵素是吃糖，留下乳酸和醋酸，其中有些成分可以让酸奶产生酸味，并防止酸奶和味噌发霉。

最后，酵母加入这场盛会，酵母吃糖，然后产生酒精。在味噌里面，酵母产生的酒精接着与细菌制造的酸发生反应，结果产生一组称为酯的果香化合物，这也会出现在红酒复杂的香气中。

桶里的东西发酵完成后，操作起货机的墨西哥工人就把桶移出存取区，放进冷藏室准备包装。现在，所有你希望食物中包含的特质，味噌都有了：美味的氨基风味、糖类的甜味、酸味、盐分的咸、香气、营养的蛋白质、糖、脂肪、有益的消化酵素，以及益生菌。

里面还有一种东西，而那正是寿司和味噌相关之处。一种褐色液体从防水布边缘渗出来，里头包含许多味噌的成分，尤其是美味的谷氨酸盐。

可能早在1 200年前，为日本王公贵族做菜的厨师眼光敏锐，判定朴实的味噌口感粗糙，不够精致，不适合他们主人娇贵的舌头。他们注意到溢出的褐色液体，就给晚餐滴上几滴这种新液体调味。

另外，在日本和中国，类似的产品很可能在不同时地被发现，发现的方式也不同。历史学家对于细节没有共识，但有一事倒很明确：酱油源自味噌制作过程的副产品。

和酱油、味噌一样富含谷氨酸盐的食物，还有烟熏火腿、帕马森奶酪和番茄。由于谷氨酸盐的关系，寿司佐以酱油后，其味道实际上和铺上番茄酱、鳀鱼、帕马森奶酪的意大利面食一样。

在酱油发明之前，日本人和中国人、东南亚一带的人一样，比较喜欢发酵酿造的鱼露。公元6世纪佛教和尚抵达日本，素食主义开始流行。就像今日美国的情况一样，古日本的佛教徒食品制造商绞尽脑汁设法让大豆吃起来像肉，结果创造出味噌，接着还创造出酱油。

长久以来，酱油一直是奢侈品，日本百姓有味噌就很满足了。然后大约五百年前，日本的食品公司建立了第一批酱油工厂，于是酱油变得普及。大约同时，酱油制造者在霉菌发酵过程中加入小麦，使酱油变得更甜。

味噌工厂的人向学生解释，现在日本公司都用霉菌和细菌培养器在现代制造工厂制作酱油。

同一种霉菌和同一款细菌培养器也用于制造日本米醋的最初阶段。米醋的情况是：发酵产生醋酸，醋酸能让醋产生强烈的酸味。寿司师傅煮饭时，加入米醋、糖和一点盐，使米饭又酸又甜。

凯特和她的同学一直以为寿司美味的关键在于新鲜的食材。事实上，寿司最重要的风味（酱油和米醋），乃是取决于用真菌感染某些食物，让它们发霉。

凯特很喜欢这次实地考察，能从例行事务中脱身，她感到很愉快。回到教室，卓南要学生每天练习切小黄瓜。然后他开始让他们用同样的技巧，切硕大的白萝卜。

凯特还是坐在桌头接近卓南的地方，卓南还是常对她大吼。当他不吼她时，他好像把她当作某种特教生，在其他学生观看或继续进行时，给她额外的协助。凯特向来很自豪自己在团体中全力以赴，是“合群的一分子”，但是在此，她很确定同学已经把她当成怪胎，踢出局了。每天课程结束时，她都想要休学。

第二周

腐烂的鱼和性别歧视

第四章

海洋的味道

“这些是柴鱼片。”卓南拿着一袋蓬松的米棕色薄片时说，他在教学生煮高汤。高汤的风味绝佳，是日本菜的基础。高汤是种汤底，加入味噌就成为味噌汤。和酱油一样，高汤在寿司中扮演配角。

卓南先炖煮昆布，这是一种宽叶片的海藻。然后他关掉火，把柴鱼削片洒入锅中。凯特看着柴鱼片溶入滚水中，她以前在日式餐厅看过柴鱼片，是洒在食物上，她一直以为那是培根。几分钟后，卓南用滤网取出昆布和柴鱼片。剩下的汤就是高汤。

与味噌、酱油、腌熏火腿、帕马森奶酪、番茄一样，昆布也充满美味的谷氨酸盐。昆布是促使高汤美味的一半。高汤的另一半魔力则是柴鱼片。柴鱼是鲔鱼的一种，也称做鲣鱼。它们游得很快，时速可达 65 公里。柴鱼能有如此佳绩，是因为肌肉中充满高能量的大力丸，能提供燃料到细胞中。这些大力丸叫做三磷酸腺，简称 ATP 。

制作柴鱼片的人先熬煮柴鱼切片，然后熏制十或二十天。就像做味噌一样，他们用霉菌感染鱼肉，将鱼片封在盒子中。两周后，他们拿出发霉的鱼片，在阳光下曝晒。他们刮除旧霉菌，加上新霉菌，再封回盒子里，重复这个程序三或四次。

消化酵素分解鱼的蛋白质，转化成美味的氨基酸，就像酵素在味噌和酱油上的作用一样。三磷酸腺分裂为一系列其他分子，结果形成美味化合物单磷酸核酸，或简称 IMP ，尝起来味道跟谷氨酸盐不相上下。

发霉、干燥几个月后，柴鱼片变得像木块一般硬。用一种像木匠刨子的工具削鱼片，就可做出柴鱼片。

高汤在寿司中通常不太引人注意，在美国尤其如此。多数美国人都以为要把整个寿司浸到酱油里。但浸满酱油的味道会压过生鱼的鲜美风味。好的寿司师傅把寿司传给客人前，会先加上寿司所需的所有调味，他调好酱汁，在寿司吧后使用，这种酱汁叫做调味酱油。每个寿司师傅都有自己的秘方，多数都是从标准配方变化而来，而高汤是其中的关键配角。师傅在 100 份酱油中，加上 20 份高汤、10 份清酒、10 份味醂（用在料理的甜米酒），把这个混和液体加热，稍微稀释一下，就可以使用了。这种酱油比较温和、顺口、复杂，风味多元、丰富，可以提升寿司滋味。

加州寿司学院附设的哈玛荷摩沙餐厅向提供客人纯酱油。但是在寿司吧，俊和其他师傅常用烤肉刷在寿司上面涂上一层亮亮的调味酱油，这是调味寿司的传统方式。师傅将寿司传给客人时，永远都会提醒他们："不要沾酱油！"这一点美国的寿司师傅多半都没做到。

高汤和酱油的美味激起了日本化学家池田菊苗的兴趣，1908 年他找到令昆布高汤如此美味的关键，就是谷氨酸盐，认为可以制造出这种东西。他发明了谷氨酸钠，简称 MSG，俗称"味精"。

几年后，一位同事找到了让柴鱼高汤美味的关键，就是单磷酸核酸。让所有鱼类鲜美的很大成分是单磷酸核酸，这由鱼死后肌肉内的三磷酸腺分解而产生。科学家发现，单磷酸核酸也可以制造出来，而且和谷氨酸钠一样，都可当做调味料。

西方科学家相信人类舌头只能品尝四种基本味道：甜、咸、酸、苦。日本科学家则反驳还有第五种味觉，由谷氨酸盐这类氨基酸和单磷酸核酸这类化合物等引发，例如高汤和调味酱油等，就是这种味道的象征。他们把第五种味道称为“鲜味”。

数十年来，西方科学家对于鲜味是一种基础味道始终存疑。过去几年间，加州大学圣迭戈分校的科学家终于证实，人类和其他动物的舌头拥有特定的鲜味接收器。

现在谷氨酸钠大量生产，也已经运用到各种加工食品中了。大多数美国人以为谷氨酸钠和中国食物相关，但其实罐头食品、汤品、沙拉酱、薯片和速食里也加了谷氨酸钠，产品标签上通常都以“水解植物蛋白”伪装。许多加工肉品也添加谷氨酸钠，因为现在工业制程已剥夺了兽肉本身的风味。古代日本佛教素食者的佐料现在已被用来增添美国工厂肉品的美味。

下课后，凯特开车到麦当劳，这是她每天下课后都会做的事。她买了一个巨无霸汉堡，开车回到托伦斯那个孤寂的小房子里，坐在仅有的一张椅子上，还没开封的箱子仍然散落一地。她盯着地板，慢慢嚼着汉堡。

学院开课两周了，凯特很担心她家人的疑虑是正确的。第二周时，班上同学已经掌握了更多日本烹饪的基础，没有一种和寿司有多大关系。每天她都怀疑自己在那里做什么。她放弃了生活中熟悉的一切，进入了不属于她的世界。

至少巨无霸汉堡感觉很熟悉，聊以慰藉。这汉堡的“特调酱料”中有种成分就是“水解植物蛋白”。

星期五早上，凯特勉强拖着身子回到课堂，这是第二周的尾声了。卓南宣布他们就要开始做寿司了——总算进入正题了。他给学生的速成课主题是握寿司和手卷。

握寿司是在长形饭团上放鱼片或其他寿司料，寿司师傅用手指将两者捏在一起。手卷则是非正式的卷寿司，不需要竹帘卷就可以做。师傅将半片海苔放在掌中，压上一团醋饭和一片鱼，卷成甜筒状。凯特做的握寿司和手卷看起来参差不齐，还散落开来。

然后卓南告诉学生，为何他要教他们做握寿司和手卷。隔天，也就是星期六，俊和卓南、杰还有所有学生，要将餐厅的餐饮服务装备装上货车，开到好莱坞派拉蒙影业的制片厂，他们将要在一场 3 000 人的派对中提供寿司服务。

第五章

像酒鬼的呕吐物

杰不仅是学院的教务主任，他还替俊的餐厅和学校处理大量其他事务。第二周的星期五下午，杰把八个蓝色隔热箱放进学院的老货车。这些箱子是从日本进口的，标签上写着“食品设备卫生登记”，这些箱子的作用是要使饭维持在人体温度，即做寿司的最理想温度。

杰沿着宽广的林荫大道行驶，一旁是洛杉矶别具特色的商业区。他知道很多提供地道民族料理的无名餐馆隐身于一般店面中，通常隔壁就是卖速食或美国化异国餐饮的餐厅。美国有些最好的寿司就藏身于洛杉矶商业区，当然也有一些最差的。

杰对食物很着迷，假如美国最好的墨西哥塔克薄饼在遥远郊区，他就是那种得知后会大老远开车去吃的人。大学期间，杰曾在一家日本餐厅的厨房工作。如果他没有把一盘菜准备得尽善尽美，师傅会朝他大吼大叫，把那盘菜扔回给他。

杰对寿司的兴趣大约从五年前开始。他参加加州寿司学院的课程，然后在厨房为俊工作，接着他在寿司吧工作，然后在学院教书。现在他兼任学院的教务主任，暂代餐厅事务。其他时间他则经营顾问事业，为想开设寿司吧的人提供意见。

杰是美国人，但他的祖先是日本人。他愈了解寿司，就愈担忧寿司在美国的地位。他看着客人将一团山葵搅进酱油，变成浊灰的黏稠物，把鱼蘸上大量山葵，边吃边评论：“喔，真是绝妙好鱼！”杰以前也曾这么做。

但现在杰知道这种行为让寿司师傅很苦恼。山葵是一种辣根植物，浑浊粘稠的山葵，其辛辣程度会盖过人类的味觉和嗅觉。师傅很可能一大早四点半就起床，去鱼市场购买最好的鱼，结果却看到客人把鱼沾上大量山葵，甚至连鱼的滋味都没品尝到。杰相信，长此以往，寿司师傅会逐渐幻想破灭，客人也会逐渐流失。美国人喜欢热且辣的食物，但寿司的玄妙远大于此。

在日本，寿司师傅会蘸一点山葵在握寿司中，肥厚的鱼片抹多一点，瘦鱼肉则抹少一点，但从不在寿司旁另外附上山葵。他们会在生鱼片旁放一点山葵，但用餐的人不会把山葵放进酱油中随意蘸用。

杰还注意到，大家会把腌姜片当开胃菜大吃特吃。但腌姜片的作用是在品尝不同种类的鱼时洁净味觉。杰认为，若没在每种鱼之间吃一片腌姜片，就好像混合了五种葡萄酒，还想从中尝出夏多内白酒。

他也看过用餐者把握寿司的饭面浸入酱油，而不是鱼面；也有人不是一口吃下，而是分成两口吃；还有人强迫自己拿筷子，但其实大多数日本人是用手指拿寿司吃。

杰也注意到，大家都自然而然认定寿司对他们有益。但在美国，最普及的寿司类型是大寿司卷，里面有碳、糖、脂肪和钠，美国超市一盒外带寿司所含的卡路里很容易就相当于两片比萨的热量，而餐厅卖的卷寿司往往更糟。

杰在寿司学院会饶有兴致地观察每一批新学生。大多数学生都算是美国人，有亚裔的，也有白人；曾有几个非裔美国人入学，有个女士来自南美的巴贝多；还有些学生来自欧洲。从任何意义来看，几乎没有人算得上是传统日本人。

杰观察一波一波的新生入学，他逐渐认为，非传统日本师傅和美国客人的沟通可能会比较好。他们比较熟悉美国文化和英语。教学窍门在于教导他们日本传统，让他们精通地道的寿司。

杰的思绪回到那八个放在货车后面的蓝色隔热箱。他已抵达目的地，他把货车停在一间单调的红砖平房仓库旁，穿越一个没有标示的侧门，走进玄关。架子上摆了好几排鞋子，每双都排得很整齐。穿着白色围裙和白色橡胶靴的工人沿着走廊行走，他们的头发都塞进圆帽中，脸则隐藏在口罩后面。这里是加州米饭中心，洛杉矶寿司的中心。走廊尽头是个呈凹状的工厂，以工业标准生产寿司饭。

“寿司”一词在现代不是指鱼，而是指饭——用米醋、糖和盐调味的饭。任何用这种调味饭做的食物，不论里面有没有鱼，都可称为寿司。

传统上，日本的寿司学徒在获准接近鱼之前，光是学煮饭和调味，就要花长达两年的时间。大师级的寿司师傅为了寿司饭苦恼不已，将调味秘方调整到尽善尽美。古时候，日本大型寿司店雇用全职专业师傅，他们唯一的工作就是准备米饭。这很具有讽刺意味，因为最初的寿司师傅是把寿司饭丢掉。

大约14万年前，现在日本所在地的人食用橡实。为了补充饮食，他们捕猎野猪，也在沿岸泥浆中挖掘蛤蜊；他们划独木舟出海，用鱼叉捕捉黑鲔鱼，以木鱼钩捕捉鲣鱼。他们在太阳下晒干红鱼片制作肉干。当时，日本人与寿司最有关联的部分，就是用一条鲔鱼肉干裹住橡实。

即使大约在公元前三四百年，日本人学会种植稻米后，早期寿司仍然不用鲔鱼或其他海鱼。寿司起源于内陆，历史学家认为寿司最初发明于湄公河岸，在现今被内陆包围的中国南部、老挝及泰北。没有人知道确切的时间，但是在泰北发现的稻米遗骸，时间可追溯至公元前3500年。

湄公河沿岸的人捕捉淡水鱼。雨季时，鱼随河水会大量涌进稻田。不久后，农夫就一边种稻，一边在稻田养鱼。但是鱼的产量不断变化，而且养殖的鱼必须在雨季末期稻田干涸前收捕。问题在于如何把鱼保存下来，留待日后食用。近海地区就没有这个问题，因为人民整年都可捕鱼。

内陆人民用大量的盐把整条鱼包起来，包括内脏。内脏含有消化酵素，这些酵素连同鱼肉里的其他酵素，把鱼的蛋白质分解成氨基酸，盐则防止有害的细菌生长。结果产生了腌鱼酱，这便是亚洲鱼露的起源。

但是大量的盐很难取得，而且这项技术也分化了鱼身，产生了黏滑、恶臭的糊状物。现在日本还可以吃到一种这样的食物，叫做“盐辛”，第一次吃的人通常都会想吐。虽然如此，腌鱼酱却出乎意料地举世闻名，广受欢迎。还有一种很相似的产品叫做“鱼露”，是罗马帝国时代最受欢迎的调味料之一。

湄公河沿岸内陆种稻米的农夫发明了第二种保存方式，可让鱼长久可食。这种方法让鱼完整保存，而且没那么臭。首先，他们取出内脏，清理鱼身。接着，他们用煮熟的饭把鱼包起来，封在罐子内。

罐中的霉菌很快就消化掉饭中的碳水化合物，将其分解为糖。就跟制作味噌的方式一样，然后酵母会吃掉糖，产生酒精；酒精保护剩余的糖不受罐内空气中的细菌感染。

很多讨厌的细菌（会使食物腐败的细菌）都需要氧气，值得注意的例外是肉毒杆菌。许多益生菌消化掉糖，把乳酸和醋酸当作废弃物散发出来。此时饭已经严重发酸。一篇12世纪的日本资料描述这种情况“和酒鬼的呕吐物没什么两样”。

但是酸的确能防止食物腐败。当菌和酸（例如乳酸或醋酸）发生冲突时，酸向菌射出氢离子。这些离子使细胞的机能丧失。在罐中，鱼被酸包围，只有极少量的菌可以存活，因为罐中氧气不足。

当然，鱼并不会保持完全新鲜。消化酵素分解了大部分的蛋白质，但是鱼却能保持完整长达一年。农民想要吃鱼时，他们就打开罐子，把闻起来像呕吐物的米饭黏稠物清除、丢掉。罐中的鱼尝起来很美味，现在我们会觉得，这有点像口味很浓的熟成奶酪，还附带奶油和醋的滋味。

寿司的原始形式传到中国，然后到了日本。显然日本人认为这是道特别的佳肴。到了公元 718 年，一份日本政府文件说，人民可以用寿司来付税。

没有人确定日文音的“舒细”（*sushi*）一词从何而来。有个表示腌鱼的中文字，发音是鮨，在日本这个音可能会变成“细”（*shee*），作为“舒细”的第二音节发音。第一音节则可能来自日文表示酸的音“舒拜”（*suppai*），日文发音“舒细”就表示“酸腌鱼”。

在日本，大家称这种原始形式的寿司为“熟寿司”。

日本人也开始用海中贝类做熟寿司，包括鲍鱼和淡菜。但直到第九世纪末，寿司中的鱼仍以湖、河的淡水鱼居多，海鱼较少。

当日本开始接受寿司时，寿司却从中国消失了。这很可能是因为成吉思汗统一了蒙古，比起鱼类，他们比较喜欢吃红肉。但现今在泰国还吃得到原始形式的寿司。

在日本也还吃得到用淡水鱼制作的原始形式的寿司，尤其是用一种跟金鱼相关的鲤鱼品种，这种鱼叫鲫鱼。至今日本古代首都京都附近的琵琶湖四周，餐厅菜单上都还有鲋寿司（鲫鱼寿司），商店亦有贩售。琵琶湖是日本最大的湖泊，离京都较近，离海稍远，可提供稳定的渔产量。能够有定期送鱼这种奢侈享受的人，大概都是首都的贵族，他们渐渐愈来愈快地在发酵过程中开始吃熟寿司，不需担心长期保存鱼的问题。

到了 15 世纪左右，这些人吃熟寿司的时间，提早到腌渍过程的初期，这时鱼肉内部往往还蛮新鲜。他们发现，虽然饭本身已经发酵，但仍然可以吃，而且当早点吃还十分美味呢。这种食物的风味很独特：辣且微酸的饭，还有尝起来比较新鲜的鱼。

到了1600年，大家都称这种稍微发酵的饭鱼混合物为“陈年发酵的腌鱼”或“发酵途中的腌鱼”，大致可译为“半生”或“陈年”。要做出这种食物，鱼、饭要熟成一个月或更短，有时几天就可以了。

原始形式的寿司以前是当作小菜，现在已经变成一道鱼肉搭配酸饭的完整菜色。这种寿司是奢侈品而非必需品，寿司制作者开始用新食材来款待贵族客人，包括海鱼。

大约1600年，出现了戏剧性的新发展。制造清酒的人想出让米酒糟粕熟成的方法，他们加入新菌，进一步发酵以产生醋酸，美味的米醋就此诞生。除了醋酸外，米醋还包含七十几种其他风味要素——乳酸、有机酸、糖、酯。在17世纪后半叶幕府时代，一位将军的医生尝试把醋加进寿司饭。他发现寿司饭独特的酸味不再需要发酵就能产生。做寿司的人只要把这种方便的新液体洒进饭里就可以了，不需把鱼裹进饭中，放到细菌产生乳酸为止。有了醋中的醋酸，它们立刻就达到类似的味道。醋中的酸能杀死细菌，因此有助于防止饭一开始就发酵。寿司中的饭原本的目的与此完全相反。这种新鲜而非腌渍的新寿司逐渐普及。大家称之为箱寿司（亦称早寿司、快寿司）。

在今日的日本和洛杉矶，由于要求方便与快速，出现了大量生产寿司饭的工厂。在加州米饭中心，大量的饭和甜醋用巨大的蒸锅、盆子和搅拌器剧烈搅拌。卡车将产品运送到洛杉矶各地。超级市场、饭店、餐饮服务、外卖摊都购买寿司饭，一桶约7.7千克，售价18美元。甚至连事先压成长形的寿司饭都有卖，可以现成跟鱼片组合。

杰下了订单，从货车卸下那八个隔热箱。明天他会来取回箱子，里面将装满近 70 千克的寿司饭，这些饭在箱中维持在人体温度，搁置七至八个小时。那段时间中，箱子里会发生剧烈的战斗。生米上几乎总会出现的毒菌孢子苏醒、发酵，发现充满美食的温暖天堂，醋酸会以氢离子不断攻击细菌，扭曲其酵素。这是世上每个寿司吧后面每天都在进行的战争。

开车返回哈玛荷摩沙餐厅的路上，杰仔细衡量新班级的学生。明晚好莱坞的派对是一年一度的资金募集活动。今年至少是俊第六度带学生去派拉蒙影业公司做寿司。

每年，当学生首度站在观众面前，试着把鱼放到饭上时，手都会颤抖。

第六章
每粒米中的七位神

杰从加州米饭中心订购的工厂寿司饭只用在承办宴会或外地饮食服务等工作。在哈玛荷摩沙餐厅，员工每天都烹煮并调味他们特有的高品质米饭。杰回到餐厅时，班上唯一的日本学生西尾拓美正在准备餐厅当天晚餐服务的饭。

厨房靠墙处有一整排水槽，拓美在水槽前弯着腰，用特大号的金属搅拌碗洗约 4.5 千克的米。他没有刮胡子，双眼还有眼袋。杰注意到，拓美远比其他美国学生都努力。他不是在教室学习，就是在厨房帮忙。拓美翻洗冷水中的每一粒米，直到水变成乳白色。他瞄了一眼时钟，离餐厅开门营业没多少时间了。

一直到最近，米制造商在运送米的过程中，都还是用白色滑石粉将米包裹保护。但是滑石粉不能吃，甚至可能致癌，所以厨师在使用米前必须彻底洗净。美国食品及药物管理局鼓励制造商改在白米上洒维生素，有些州还强制规范。卫生当局不鼓励大家洗米，因为这样会把维生素洗掉。但由于很难分辨这些白粉末是好是坏，所以大家还是维持洗米的习惯。

仿佛军备竞赛一般，有人强化米的功能，发展出防洗科技。他们以精密的涂层程序将 0.5% 的米粒漆上维生素，然后偷偷将它们混入其他米中。有家公司甚至发展出合成维生素丸，看起来就跟米粒一样，企图哄骗大家吃下维生素。

在日本，制造商通常不会在白米中加入维生素，而在美国，寿司的快速普及创造出一个全新的产业：优质日本米——在美国种植，通常以日本商标贩售。有些大众市场品牌的米增添了维生素，大多数则没有。这也解释了为何米最后仍须用白粉末包覆，而且必须清洗。

没有米一开始就是白的。稻米是种禾本科植物，每一颗谷粒其实都是一个小果实，也就是蛋的植物版。米壳就是蛋壳，大部分成分和岩石中发现的硬矽土一样。在壳之下是棕色的内壳，或称米糠，里面有一层超薄的油脂、酵素和维生素，这些就是米的食物。

现代世界中，米在收成后，都会经由高科技碾磨机器处理。首先，用包着橡胶的钢制滚轮将壳去除，此时所有的米都是棕色的。接着，细铁丝刷把内壳连同麦麸油脂和酵素一并刮除。精炼之后，每粒米底端都有一个凹痕，那是胚芽当初生长的地方。

碾磨流程留下一些淀粉，形成米上的细粉。剩余的淀粉会使煮熟的饭太黏，所以寿司师父要先把米洗净。有几个品牌的米还额外经过一个步骤处理，即用日本机器把所有的米一起磨，让米彼此磨光，用商标注明“卡皮卡”。卡皮卡米保存时间较久，而且不太需要清洗。

整个处理过程的问题是，去除内壳或糠层时把维生素也去除了。所以卫生官员主张要强化白米的营养，有个替代方案是鼓励大家直接吃糙米。

大多数在意健康的人都以为，人类起初吃的米就是糙米，但其实并非如此。在稻米种植史的大半时间中，人们都是用木槌在木钵中敲打稻谷，把壳敲开。日本人建造特大号的木槌，看起来就像个翘翘板，其中一端有个很重的槌头。一个人站在另一端，用他的体重以杠杆作用让木槌上上下下敲打。

实际上，用来敲开稻谷外壳的力量也剥开了大多数的内壳，所以要到现代碾磨技术发明后，才能选择吃糙米。历史上多数时候人们都吃白米，原因在此，而非为了奢侈享受或偏爱纯白色调。幸运的是，传统捶击技术在米上留下了一点谷皮。一般白米实际上是淡米色，还保留了一些维生素。

虽然如此，日本和其他国家的富人还是比较喜欢精白米的味道，所以他们多花些钱把米精炼。他们真是不幸，除了米糠外，日本饮食提供的维生素 B1 很少，吃精米的人注定会有情绪困扰、感知觉能力受损、体重下降、心脏衰竭等问题，甚至可能死亡，这些都是脚气病或缺乏维生素 B1 的结果。大约 350 年前，当更多日本人转贫为富，从乡村搬到都市，高度精炼米的消费量就增加了，而脚气病案例纪录也增加了。一位食物史学家报道，脚气病一度被认为是日本的国病。

但是除了缺乏维生素和某些矿物质外，白米可以提供人类生存所需的所有基本蛋白质和淀粉，轻而易举地胜过小麦。一个将近 70 公斤的人若只靠米饭为生，一天三餐都得吃五六小碗饭。但假如他只靠面包过活，一天得吃上 72 片才行。

拓美把洗米水倒掉，加入干净的水再洗一遍。洗了八九遍后，磨出的淀粉已被洗掉，水变得清澈。

在这个阶段，有些寿司师傅会把米浸泡在水中三十到六十分钟。哈玛荷摩沙餐厅的师傅比较喜欢开水龙头放冷水，让水冲刷米约十分钟，同时达到快速浸泡和完全洗净的功能。然后师傅会把米倒进滤锅，把水沥干。每粒米都像个极小的海绵，表面吸满了水分。

冰冷的洗米水把拓美的双手冻得通红。除了冷水外，其他任何东西都会造成米在煮食前变得太软。洛杉矶有位叫做新山胜夫的寿司师傅，他对于自己在日本当学徒的前两年记忆，只有严寒的水和冻僵的手。每天早上六点，他提着几桶冷水，擦亮餐厅的所有东西。然后他要洗九批米，每批米都要用冷水洗好几次。他做错事时，大多数时候师傅会赏他巴掌，有时则拿棍子追打他。

拓美又再看了一眼时钟。离客人开始上门不到两小时了。今天是星期五，餐厅可能会很忙，拓美得准备整整两批寿司饭。卓南在附近匆忙处理预备工作。拓美从眼角余光可以看到卓南在观察他。

日本当地的宗教神道教，信仰根源是相信万物皆有灵魂。拓美遵从这个信仰。例如，他非常用心地照顾寿司刀，因为熟练的工匠灌注了他的心意和灵魂到他的创作品上，所以它们也拥有了灵魂。

米似乎尤其神圣，因为这是日本的主食。寿司师傅称米为舍利子，佛教用语原指佛陀火化留下的遗骨。根据日本乡野传说，每一粒米里面不止一个灵魂，而是 7 个。拓美这两批寿司饭总重约 9 千克，他此时肩负大约 350 万个微小神明的命运。

不管米里面是否住有神明，所有的米都属于同一种植物，唯一的例外是西非的人所吃的米。主要种类有十万种以上的品种，但这些可分为两类——籼稻（在来米）和粳稻（蓬莱米）。蓬莱米比较短而黏，寿司米属于这种。寿司米很黏是因为它全然无序。多数植物将太阳能转化为糖的小能量棒——葡萄糖，储存在种子和谷粒里，方式有两种。第一种方式整齐有序，产生品质佳的直链淀粉，每一链都含 1 000 个糖分子。

第二种方式则是把能量棒丢进杂乱、不规则、多刺的淀粉堆，每一堆包含 5 000 ～ 20 000 个不等的糖分子，称为支链淀粉。寿司米比起多数其他种类的米，含有更多第二种无序淀粉。那些多刺淀粉堆让米黏在一起。

一般寿司餐厅使用中粒蓬莱米，每粒米都呈椭圆形，长为宽的两三倍。这种形状使中粒米本身并不那么适合用来做寿司，但这种米比较便宜。加州寿司学院储存中粒米给学生上课用。

高级寿司餐厅会多花点钱买短粒米，这种米比较粗圆。在大约650公里外的北加州萨克拉门托盆地，有美国农夫种植优质的日本短粒米，哈玛荷摩沙餐厅就是向他们购买短粒米。

拓美在大型商用电锅的内锅里覆上一个铁氟龙网，铁氟龙网眼能防止米黏在内锅上。然后他把洗好的短粒米倒进去，声音听起来好像在下雨。

日本寿司学徒光是米的功夫就要学上好几年，因为米饭的准备工作很棘手。传统师傅认为米饭比鱼重要，目标是坚实、丰满、有黏性的米，但无数因素会影响结果。

虽然每一粒米起初都含有活的胚芽和外壳，但精炼后仍保留的部分（胚芽的食物供给）是大量死细胞，里面蕴涵嵌在蛋白质格网的储存淀粉。好的生长季节对于寿司师傅而言可能不好，因为高含量淀粉的米在烹煮过程中会裂开，变成软糊状。

日本最受喜爱的寿司米是一种叫“越光米”的品种。米心的淀粉比其他品种中的淀粉紧实，而且其贮存细胞壁比较厚，两者都有助于形成比较坚实、稠密的组织，这是寿司行家认为很重要的特性。越光米含有芳香的脂肪酸，让齿颊留香，留有较湿润的口感。

单在日本一地，农民就种植至少2 000种米。就像制酒者和卖咖啡的人一样，为了达到独特的口感和风味，认真的寿司师傅常混合不同种类和不同期收成的米。在哈玛荷摩沙，拓美准备做晚餐的米是混合了越光米和另一品种的米。

不管是哪种米，寿司师傅一般都比较喜欢用收成后放了几个月的米，因为这样的米比较干。对追求纯粹寿司的人而言，最重要的因素不是寿司米的品种，而是米干燥的方式。现今多数日本米在碾磨前先以热风强制干燥，人们抱怨这使谷物表面变得糊糊的。强制烘干的米煮好加入醋后，糊糊的表面会形成一层膜，阻碍醋的吸收。顶级绝佳的米是在太阳下自然晒干。

将米沥干后，拓美下一步是要加水煮熟。但在加水之前，拓美还“作弊”了。

传统上，寿司师傅煮寿司饭时，为了增添风味，会洒上一点清酒，放进一条昆布。拓美没这么做，而是取出一个紫红色的罐子，里面装着大冢化学株式会社制造的白色粉末。这种物质是种蛋白酵素，是米的添加物，以其商标“澪”为名，第二次世界大战后它在日本变成商业用途。在美国贴上标签贩售时，罐上的英文标签宣称其成分只是“马铃薯淀粉和葡萄糖”。但是日本的成分清单还包括其他项目——淀粉酵素和蛋白酵素，还有“昆布香料”。

淀粉酵素将淀粉分解成葡萄糖，蛋白酵素又将葡萄糖分解成氨基酸。米中加上澪一起煮，会产生异常高的葡萄糖和氨基酸，让米变得比较甜，也有较多美妙的“鲜味”。至于“昆布香料”，通常只是谷氨酸钠的代称。

鲜味的饭，让大家想要一再光顾最喜爱的寿司餐厅。由于这些葡萄糖，有些医生担心身体会把这种饭的更多部分转化为脂肪。拓美使用蛋白酵素，单纯只是遵照哈玛荷摩沙的标准惯例。使用添加剂的寿司餐厅数量，很可能比任何人愿意承认的都还多。

拓美测量适量的水，倒进电锅的内锅。寿司师傅煮寿司饭时加的水，比煮一般饭时少一点。水分太多会使米软化，变得太黏，难以吸收饭煮好后师傅添加的醋混合液。但是水太少也会阻碍饭吸收醋，因为醋还来不及渗透进去，米心的淀粉就又变硬了。

拓美打开饭锅开关。第一批米开始沸腾时，他开始在一个白扁柏的浅底木盆旁等待。他在盆里倒入足以盖住底部的水，搁着让盆子浸水。在把煮好的饭倒进盆子之前，白扁柏必须先弄湿，否则，能吸收水分的木头会吸收饭的湿气。拓美又看了一次时钟，时间快不够了。

饭煮好时，拓美把白扁柏木盆中的水倒掉，然后抓着铁氟龙网的边，用力把饭从电锅里拉出来，吃力地把它拉到盆子那边。在一大团蒸气间，他轻快地把网袋反转过来倒进盆里。

有好几小团饭粒还黏在铁氟龙网上。成千上万个小米神面临险境，无法进入盆中，拓美开始把那些饭一一捡起来。

卓南突然冲进来，从拓美手中夺下铁氟龙网。

“拜托，不用担心这个！”卓南咆哮，然后把网子扔进水槽。拓美瞄了一眼时钟，还有其他工作要做。

第一批饭在冷却时，他开始洗第二批米。饭煮好后太快加入醋，饭无法完全吸收；但如果饭搁置太久，会开始变硬，也无法吸收醋。他及时回到第一盆饭旁，把哈玛荷摩沙的寿司醋加入冷却的饭中。这个配方贴在厨房外的小办公室墙上，上面写着：米醋七份，糖五份，盐一份。

17 世纪时，京都附近地区“早寿司”的配方，后来演变成除了在饭里加醋，还要加糖。这样尝起来很不错，而且在醋的帮助下，糖能让饭在几天内不腐坏。糖分子喜欢水，当水供应不足时，糖就直接从细菌体内吸水，从而杀死细菌。蜜饯就是这个原理，用大量的糖包覆凝结的水果。

在日本，寿司饭的甜味因时空而不同。当十八九世纪寿司普及至东京时，大家比较喜欢把寿司饭做得很酸。

第二次世界大战期间以及战后，饱经数年战乱，人民变得比较喜爱甜食，连东京寿司也变得比较甜。但是随着荣景复苏，大家又开始喜欢酸的寿司了。现在，当你从东京旅游到京都，一路上尝到的寿司会愈来愈甜。当你抵达京都时，寿司饭比东京的大约甜上三倍。

当今最受敬仰的东京寿司师傅之一小野二郎，做的寿司饭几乎不加糖。他说，糖让人还没有机会充分品尝丰富鱼种前，就太快觉得饱足了。还有一些最适合寿司的鱼，太多糖也会盖过其细致的风味。

一般而言，东京寿司师傅都很严肃地看待酸味。就像武术道场或茶道学校，每个寿司吧都遵守其祖传技法，这是从自家流派创始人以来，代代相传的技巧。最严格保密的通常是寿司饭中醋和盐的比例。据说大厨只要尝尝寿司吧的饭，就能辨别其流派。

美国的寿司有京都风格的甜味。寿司师傅注意到，他们多加点糖时，会额外获得赞美。就某种意义来说，与美国其他受欢迎的亚洲食物的基本味道相比较，寿司的基本味道没有什么不同。中餐厅提供糖醋里脊，寿司餐厅则根本就是提供糖醋饭。

拓美用一个竹勺将甜醋液搅进饭中。卓南突然又冲进来。

“好了，好了，”卓南说：“现在，我们来‘切舍利子’！”也就是拌饭的意思，卓南打着手势。

拓美点点头，用勺子边缘切画着饭，把成堆的饭拌开来。当他停下来让饭进一步冷却时，卓南把勺子抢过去。他拱起身躯围着盆子，用空出来的手抓住盆缘，手腕灵活旋转，快速把冷却的饭露出的部分拌到里面，进行时是随着盆子画圆圈。这样下面的饭才能冷却，并且把多余的水分释放出来。

拓美满脸疑惑地在厨房走来走去。他找不到装着神奇白色粉末的紫红色罐子，他转向卓南用很蹩脚的英文问：“您知道漻在哪吗？”

卓南大吼：“你应该物归原位！”他的背因工作而显得有些驼，然后对拓美说：“去睡一下！”

卓南自己一个晚上很少睡超过四小时。他飞奔到一个架子旁，抓住一个罐子问：“这是你在找的东西吗？”

拓美一边点头一边鞠躬：“谢谢。”

拓美准备好第二批要煮的米，看一下时钟。他把第一批寿司饭装进几个隔热盒中，在饭上铺上厨房湿巾，盖紧厚实的盖子，用力把它们拉到前寿司吧。第二批饭是后房较长的寿司吧要用的。大多数晚上，俊只开放前面用餐区的寿司吧，而周四、周五、周六则连后寿司吧也开放。

第二批饭煮好时，拓美正和时间赛跑，他重复调味程序。当这些做好并洗好木盆时，这排水槽下的排水滤网已经累积了一团弃置的饭。拓美不想去思考有多少神明躺在那里死去。他穿上厨师服，赶去前面的用餐区。

所有的餐厅员工都聚在一起开每日的工作会议。有几位师傅是日本人。还有个韩国实习生。卓南旁边则站着一个年轻的白人女性，叫做菲。

菲是丹麦的超级名模及电影明星，更确切地说，菲曾是丹麦超级名模及电影明星。她已中断电影事业，拒绝模特儿经纪公司的邀约，来到洛杉矶，追求她当寿司师傅的梦想。她3月时自加州寿司学院毕业，目前是受训中的师傅。

师傅检视完当晚的特餐后，俊接手会议。“好了！”他脸色严肃，以日文大喊：“你们今晚都要认真工作！”他环视全场：“懂吗？”

有人点头，也有人高亢喊出：“是！”

餐厅经理喊出：“早安！”

全员也一起回喊：“欢迎！”

师傅和服务生解散，经理撑开前门准备营业。

二十年来，俊在威尼斯海滩的餐厅每晚人潮都川流不息。电影明星总会来这用餐，把他当哥们儿看待。现在，在荷摩沙海滩，俊的好运似乎遭到戏剧性逆转。每天的客人似乎愈来愈少，餐厅已经在亏本了。

俊面无表情地看着打开的大门。

第七章
进军洛杉矶

洛杉矶的第一家日本餐厅约于 1855 年开业，地点是在后来成为“小东京”的邻近地区。到了 20 世纪初期，小东京充满了逛街购物的人潮，他们养活了大量的日本食品业。

但很少有美国的日本移民到日本餐厅用餐。到了 1910 年，超过 40 000 名日本劳工移民在美国农场辛苦工作，还有 10 000 人在铁路工作，好几千人在罐头工厂工作。农场工人往往要靠喝灌溉渠道的水和田里的葡萄及草莓过活，幸运的话，或许还能佐以一顿咸汤面团的晚餐。铁路工人吃得最好的一餐，是每月一次去镇上买瓶波旁威士忌酒、一罐鲑鱼、一些饭。他们怀着乡愁，捏出他们认为很“奢侈”的饭团，在上面放上几片鱼。

到了 1940 年，日本农夫移民种植了加州 95% 的四季豆和芹菜、将近 70% 的番茄、大约 40% 的洋葱和豌豆。洛杉矶市场有许多农产品摊都是他们拥有的。

但是对于日本人的歧视使他们很难进入其他产业。有人进口日本食品原料，卖给美国的其他日本人，大家称这个行业为“乡愁贸易”。洛杉矶有一群进口商组成一个组织，叫做“共同贸易公司”。

日本偷袭珍珠港事件阻断了乡愁贸易。美国政府把日裔美国人拘留起来，由洛杉矶市中心一群天主教修女保管共同贸易公司的仓库存货，直到战争结束。

战后，一位叫做金井典敏的人加入共同贸易公司，他认为这个公司若要存活，就必须贩售一般美国人会买的东西。

20 世紀 60 年代初期，金井往返美国与日本之间，寻找要卖给美国人的产品。某次去日本时，金井带着美国事业伙伴沃夫同行。某天搜寻无功而返后，金井很饿，便带着沃夫去一个传统寿司吧用餐。

沃夫告诉金井，他从没尝过这么美味的东西。接下来一周，沃夫每天都去同一个寿司吧用餐。这件事启发了金井，他决定让“白人最讨厌的东亚食物”（他后来这么形容寿司）成为他新事业的核心。

金井回到洛杉矶，竭尽所能地在美国推行正统的东京风格握寿司。他和“小东京”一家名叫川福的日本餐厅合伙，从日本带来一位真正的寿司师傅和他太太。1966 年他们在川福餐厅里开设寿司吧。

取得寿司特有的新鲜海产是个难题。当时，大家认为空运冷冻鲜鱼过来太荒唐，因为费用过高。但金井终究还是从东京订购了新鲜海产。听说波士顿的鱼贩把鲔鱼肥腹肉扔掉，金井马上搭机飞往东岸，安排购买这些鱼腹肉。当他得知优良的海胆生长在洛杉矶附近海域，就立即雇用潜水员去捕捉海胆。

川福餐厅里的寿司吧生意兴隆。“小东京”的荣菊餐厅也有了寿司吧，街上的东京会馆也开设了寿司吧，这家别致的餐厅是按照传统日本旅店的风格建造。

但是新寿司吧的客人都是日本人，多数是商人和海外移民。金井虽然成功推广了寿司，但却没能把寿司卖给美国人。

然后发生了两件事。

日本商人介绍美国同事来寿司吧用餐，对这些美国人而言，吃寿司很快就成为刺激的新鲜事，而且还是勇气的象征。

另外，几年后，川福餐厅的第一位寿司师傅回到日本，在东京的银座开了一个奢华的寿司吧，有传闻说他在洛杉矶赚了不少钱。日本漫长的学徒生涯和严苛的阶级制度，让年轻寿司师傅挫败不已，这时他们有了新选择——美国。

在洛杉矶，寿司仍只局限于“小东京”一带。1970年，“小东京”以外的地区开了第一个寿司吧，地点在比佛利山庄附近的洛杉矶世纪城，其顾客群直指好莱坞明星。这家寿司吧叫做御诸，位于20世纪福克斯电影公司隔壁。俄裔知名演员尤伯连纳变成午餐时段的常客，寿司开始正式转变为美国的餐饮了。接下来几年，好莱坞欣然接受了寿司。寿司的新客人有很多东西要学。很多人惊讶地发现，鲔鱼肉是红色的，而不是罐装鲔鱼的白色。

寿司也来到纽约和芝加哥。在纽约，一家叫做日本的日式餐厅开始提供生鱼；1975年，纽约第一家经过充分训练的寿司餐厅竹寿司开始营业。芝加哥一家叫龟八的餐厅于1976年开业，并开始供应寿司。这家店在第二城相声剧团喜剧会所的对街，一位叫做贝鲁西的表演者是这里的常客。几年后，贝鲁西在纽约，于美国老牌喜剧电视节目《周六夜现场》中，扮演一个日本武士阶级的熟食店师傅。

为了因应这股对于寿司的新兴趣，一波波日本人来到洛杉矶开设寿司吧，数量之多，让西洛杉矶的威歇尔大道博得“寿司街”的别名。金井的愿景实现了，他的共同贸易公司终于大发利市，成为美国最主要的寿司餐厅供应商。

适逢1977年美国参议院发布一份《美国饮食目标》报告，称油腻、高胆固醇的食物是发病率增加的元凶。报告中建议人们多食用鱼和谷物。大约同时，健康专家也开始提倡“奥米茄三”脂肪酸的益处，而鱼富含奥米茄三脂肪酸含量。许多美国人发现寿司是个健康的选择。

来洛杉矶开寿司餐厅的日本人，有些受过寿司师傅的养成训练，有些没有。其中一位没受过训练的人就是杉浦俊，他后来成为哈玛荷摩沙餐厅的行政主厨及加州寿司学院的院长。

俊生长于日本东京南部的海滨小镇叶山町，当地鱼产丰富。他妈妈拥有一家小餐馆，但俊对家族事业没有兴趣。到了15岁，俊满脑子就想着要离开日本，到欧美等地旅行。在他考大学失利时，他找到了藉口。

20世纪70年代中期，俊花了三年时间，搭便车游遍欧洲，有时只靠水和香蕉过活。他的手很巧，靠着精巧的剪纸艺术赚钱。他会在午餐时段挨家挨户兜售他的剪纸图案，通常他会得到一碗免费的食物。若在中世纪的日本，这就是佛教云游僧的生活方式；在20世纪70年代的欧洲，俊称之为嬉皮士的生活方式。

1978年，他借了400美元买机票到洛杉矶。抵达时，他问一位熟人洛杉矶当地流行什么，对方说是寿司。俊认为既然自己手很巧，为何不去做寿司呢？虽然以前他几乎不吃这玩意儿。经营餐厅很容易，如果他妈妈做得到，他也一定可以。

洛杉矶多数新寿司吧都走传统路线。俊找到一位犹太医师，他刚在位于马里布的非日式餐厅装设一个寿司吧，在那工作的寿司师傅刚离职。俊说服老板让他在寿司吧工作。这家餐厅叫做海味儿。

俊很快地自学了最基本的东西：他把甜醋和饭混合，捏成长形，在上面放上鱼片。只要有时间，他就去拜访洛杉矶一个寿司吧的寿司师傅满特克，满特克受过传统训练，已名列西岸最受尊崇的寿司师傅了。俊坐在克的寿司吧前，点菜，记住老师傅的每个动作，不久俊就花了三分之一的薪水在克的寿司上。他注意克所做的每件事，然后回到海味儿模仿。

俊用个人魅力来弥补经验不足。1978年的马里布是疯狂的，美国人会坐在俊的寿司吧，俊为客人做寿司时，会跟他们开玩笑、喝酒，很快地，寿司吧就变成一个狂欢派对。俊很快就跟客人们打成一片。

俊不知道这些人是谁，他只知道他们很有趣。他渐渐得知他们的名字。其中有个漂亮的客人叫做奥莉薇亚·牛顿·约翰，有个小伙子叫罗比·威廉姆斯，有个人叫尼尔·戴蒙，还有位女士叫琳达·朗丝黛。有天晚上俊为芭芭拉·史翠珊服务时，她问俊知不知道她是谁。“不知道！”他大喊，接着为下一位客人服务。他靠着做剪纸、吃香蕉，一路搭便车穿越欧洲，好莱坞对他来说简直就是另外一个星球。

一年后，俊从海味儿受聘到威尼斯海滩，经营一家叫哈玛威尼斯的店，“哈玛”是日文海滩的意思。威尼斯海滩，到处都是艺术家、嬉皮士、电影和音乐产业的人，这类人对食物的要求是强烈而纯粹。和马里布一样，这是一个很狂野的城镇。

在哈玛威尼斯，俊能够从一开始就定出餐厅的风格。多数日本师傅的餐厅都充满日式格子屏风和安静的三味线音乐，俊则大放摇滚乐，在寿司吧后疯狂演出，很受客人欢迎，但洛杉矶日本寿司师傅的卫道士则恨死这种行为。

但是俊并不只是个逆反者。他在观察克的过程中，学到了要坚持干净与品质。因此在这家新餐厅中，他坚持严格的卫生标准和高品质的食材。

更重要的是，俊提供传统日本寿司，但不是走传统路线。给客人提供温和的美式寿司没有什么问题，装满鲑鱼和奶油、奶酪的寿司卷、“墨西哥润饼”卷等都行。但是他也为客人制作神秘的、异国风味的日本寿司。

首先，他会为客人送上他们点的寿司。接着，他会开始拿握寿司给他们，上面铺着奇特的鱼或海胆的性器官。他会为他们倒更多的啤酒或清酒，大声叫嚷：“吃就对了！”直到他们把那东西吞下去。如果他们很喜欢，就再给他们；如果他们不喜欢，他就再让他们试试其他东西。“吃就对了！”他就像是耐克球鞋广告的寿司版。

俊的餐厅既有狂野的异国风情，又十足平易近人，成功地使餐厅每晚都客满。名人到访，他们都是海味儿的老朋友；接着汤姆·汉克斯、布鲁克·雪德丝等人也来了。哈玛威尼斯变成了洛杉矶非去不可的寿司店。

1980年，美国国家广播公司播放根据詹姆斯·克伦威尔的小说《将军》拍摄的电视连续短片。理查德·张伯伦饰演一位英国船长，在1600年左右到日本学习武士道。《将军》是该公司有史以来评价最高的节目之一。这出戏引起全国民众对于所有日本事物的兴趣，包括寿司。

哈玛威尼斯的老板于1983年退休后，把餐厅卖给了俊。1989年，俊和一个日本女子结婚，她是日本名流的时尚顾问。他们先后育有一女一子。他们买了宝马、奔驰，还有一间看得到玛丽安德尔湾景色的公寓。

寿司的世界在改变，到了20世紀90年代，到处都有寿司餐厅，多数名人都不再来哈玛威尼斯了。俊的事业仍然蓬勃发展，他从没停止在寿司吧后夸张卖弄，和客人狂欢痛饮。许多个早晨他都带着宿醉醒来，有些夜里他步履蹒跚地回家，在地毯上睡着，太太很担心他。

2003年，俊周遭的世界垮了。他玩得太凶，不太注意自己的事业营运，结果因逃漏税24年被传唤。他的银行账户被清空，哈玛威尼斯也被拍卖了。与718年的日本国民不同，俊无法用寿司来抵税。

在荷摩沙海滩，仅仅离威尼斯几公里处，俊有个朋友经营一家叫加州海滩的餐厅。这家餐厅曾缔造了传说，但在便宜的一般寿司店的入侵下，终究不敌。老板想以全新面貌重新开业，于是哈玛荷摩沙诞生了。

为新餐厅建立新客戶群很困难，而且此时竞争非常激烈。俊仍须担负其他几家餐厅和一小群师傅及员工的命运，更遑论他太太和14岁的女儿、13岁的儿子。他只要把钱一存进银行，有关当局就会把钱划走清偿他的债务，俊的压力愈来愈大。

2005年4月，一个星期五的晚餐时段，俊放下刀，当时他正在寿司吧后切扇贝。他无法移动或好好说话，他几乎快要崩溃了，却还强自镇定。他休息了一下，然后强迫自己继续做寿司，直到所有客人都回家。隔天他勉强在办公室工作，但还是放弃了，最后去看了医生，他中风了。

俊逐渐康复，不久就回到工作岗位。尽管俊尽力尝试，他的大半精力和个人魅力仍离他而去。对于俊来说，那就像失去了灵魂一般。

哈玛荷摩沙的客人开始流失，现在则是赔钱了。

唯一前途光明的地方是寿司学院。俊喜欢看着新学生来此训练。每学期的开始总有着期待感与可能性。

这是学院的第三十个班，他已经喜欢上这些学生了。俊认为大多数学生状况都会不错，但他很担心凯特，她很明显缺乏信心。有些女性来上过寿司学院的课，成功的都是自信的人。考虑到女性寿司师傅所面临的挑战，如果凯特想立足寿司世界，不管怎样，她总得找回信心才行。

第八章

没有女人的寿司世界

日本有一部很受欢迎的漫画《绮罗罗的寿司》，描述一位年轻女寿司师傅的故事。绮罗罗的父亲抛弃了她母亲，而她母亲在她小时候就过世了。一位很有声望的慈祥老寿司师傅领养了她，在他的社区小寿司店抚养她长大。后来老师傅生病了，不得不关掉寿司店。基于对这位老人家的爱，绮罗罗决定将这家名店重新开张。

古东京最富声誉的寿司团体所传授的秘技，最后的传人就是这位老人。绮罗罗是他唯一的弟子，她努力要使这个派流传于世。为了证明寿司师傅坚持古风的传统寿司仍然是最好的，绮罗罗参加了一个叫做《二十一世纪寿司争霸战》的电视节目，为寿司师傅竞争全国冠军的头衔。

绮罗罗的身材纤细，容貌姣好。男性寿司师傅都是全身肌肉、身强体壮的人。他们做寿司的样子仿佛那是种武术，挑战彼此攸关技巧与耐力的决斗，就像武士捍卫自己的荣誉一样。绮罗罗的主要对手是个叫阪卷的男子，他把在健身房练举重当作寿司训练的一部分。

在比赛之前，阪卷来到绮罗罗的小店，在吧台点了寿司。等待上菜时，他点燃一根烟。当寿司来时，他把烟灰弹到鱼上。“你不了解这个世界，”他嘲笑绮罗罗，“因为你是女人。”

后来，绮罗罗在比赛中遇到另一位女子。她告诉绮罗罗，客人和其他师傅让她受尽各式各样的歧视和羞辱。为了生存，她剪短头发，把外表和个性上的任何一丝女人味都抹除。她说：“我身心都变成男人了。”

这部漫画的故事和事实相距不远。在日本，寿司是男人的世界。男师傅用各式各样的藉口捍卫他们的寿司吧，排斥在那里工作的女性。他们说，女人不能当寿司师傅，因为化妆品、身体乳液和香水会破坏鱼和饭的味道。有些男师傅宣称，寿司吧后方区域是圣域，女人进来会亵渎圣域。还有人说，女人没有刀工所需的反应能力。直到1999年，日本还有条法律，限制女性不得在晚上十点后工作，这使她们在多数寿司吧都不可能找到工作。东京一位作家问朋友，他们是否愿意吃女师傅做的寿司，结果甚至连作家的女性朋友都说不。

反对女寿司师傅言论中最常见的论点，是女人的手比男人温暖。有人声称，女师傅只要摸鱼，就可以把生鱼煮熟了。事实上，1998年医学期刊《柳叶刀》曾刊载了一份研究，证明女性的手很可能比男性冷得多。

从客人来看，寿司也是男性的世界。日本传统高级寿司店中，一个日本女人单独走进去用餐，很可能会和美国观光客一样，觉得害怕且自觉不受欢迎。在20世纪90年代中期，日本一位出版经理汤山玲子，在一家知名的寿司吧停留，用餐师傅和蔼可亲地与其他客人闲话家常，但却单独冷落她。她点了几道寿司，刚上完第四道寿司，一杯绿茶就出现在她面前——绿茶通常是用餐结束时才送上，她认为这表示店家要求她离开。她待了一个小时，继续点菜，当她埋单时，费用显然比她吃到的寿司还高。

汤山因此受到刺激，她常去东京和日本各地许多最好的寿司吧用餐，而且总是单独前往。她把这些经验写成书，书名是《单身女子寿司》。汤山发现，传统寿司吧就像会员制俱乐部，单身女子和不识此道的人都很难进入——尤其是那里根本没有菜单。

汤山在寿司吧遇到的女性，总是有男伴同行，一些男士为了给女伴留下好印象，利用这个机会卖弄寿司知识。她看到这些女士非常配合，从点菜到食用技巧，各方面都听从男士的意见。当汤山自己点菜时，其他女士都瞪着她。汤山的结论是，传统寿司吧是日本最后一个男性完全凌驾于女性之上的地方。

回转寿司的发明与流行，有助于日本低价寿司大众化。寿司装在小盘子上，随着输送带送过来，客人挑选自己想吃的寿司，与师傅的互动消除了。在一项调查中，日本家庭主妇说，传统寿司吧的价格和拘谨让她们却步，她们更愿意去回转寿司餐厅。

到了20世紀90年代后期，日本传统寿司吧的营收下降，而回转寿司餐厅的营收入则增加了。由于担心会失去更多生意，有些传统寿司吧对于单独用餐的女性，态度已经变得比较开放了。

近年来在日本还出现了另一种新式寿司吧。受到寿司在欧美流行的启发，以及西方女权文化的影响，这些新式寿司吧有着浓厚的西式风格，播放爵士乐，有时还有电视播放国际新闻。他们提供的寿司采用很多西方菜肴的食材。他们最好的客人就是单独用餐或与女伴同行的年轻女性。

尽管女寿司师傅障碍重重，但就像漫画中的绮罗罗，近年来日本的女性已逐渐在寿司吧工作拼出一席之地。但很多想成为寿司师傅的女性，就干脆离开日本到美国去寻求发展。

俊看到随着美国的寿司餐厅激增，寿司的品质和卫生标准在下降，传统学徒生涯需时至少五年才能完成，而在美国，寿司师傅已供不应求。很多师傅和俊一样，只有一点点经验或完全没受过训练，就跳进这个行业。俊担心早晚有人会因为吃了处理不当的寿司而死，而开设寿司学院就是为了预防这类事情发生，并且帮助像他这样没有完成传统学徒训练的人，学习适当的技法。

俊原本预期多数学生应是亚洲人，结果出乎意料，大多数申请者都是美国人，有些是女性。演员翠西·格里菲斯是第一批就读加州寿司学院的女学生之一，她是梅兰妮·格里菲斯同父异母的妹妹。她有一头火爆红发，演艺事业到了顶峰，她不想再对导演言听计从，穿导演要求穿的服饰，说导演要求的台词。她在《美食》杂志上看到寿司学院的广告。

翠西 12 岁时，和梅兰妮去过马里布海味儿餐厅的寿司吧，也就是俊事业起步的地方，她爱上了寿司。她喜欢烹饪，18 岁时她就担任过专属主厨。翠西报名了寿司学院的课程。

翠西刚抵达不到五分钟，俊这所新学院的日本讲师就开始对她咆哮。

“你不应该在这里！”他大吼，瞪着她油亮的指甲和那头红色长发。“女人做寿司，根本没这回事！”

接下来的上课时间里，他极尽所能要把她吓跑。下一堂课她回来时，他快气炸了。

“我刚刚是怎么说的？！”他大叫，“你在这干什么？你不该在这的！”

翠西向俊抱怨，讲师说的那些话在美国是违法的。俊耸耸肩，说他爱莫能助——这位讲师是典型的日本寿司师傅，他们就是这样，翠西必须适应。

讲师几乎每天都对她咆哮：“你不该在这里！”他告诉翠西，如果被人知道他在指导女性，他的声誉就毁了。翠西经常被讲师弄哭，但她还是继续来上课，也从他身上学到了很多。

毕业后，翠西走访比佛利山庄的寿司餐厅，一家一家找工作。每个人都嘲笑她，他们说：“走开！”

翠西从朋友处得知，比佛利山庄有家亚洲主题式夜间俱乐部即将开业，叫做津波，里面会附设寿司吧。但这家店不是由日本人经营，而是一个名叫佛莱希曼的人，他可是夜间俱乐部的经营老手，之前管理了纽约的五四俱乐部。翠西和他约了时间碰面，佛莱希曼上上下下打量著她。

“所以，你想当寿司师傅？”他说，“好啊，那会很棒。我们会让你穿件小衣服，把你放在窗边。看到这带刀的辣妞了吗？”

“不，不是的！”她说：“我是**真正的**寿司师傅。”她离开演艺圈就是为了逃离这一切。

但是竞争激烈，各种花招流行——有跳踢踏舞的寿司师傅，有在寿司吧后唱歌助兴、跳排舞的师傅，甚至还有寿司放在裸女身上送出来。

一周后，佛莱希曼把翠西介绍给他雇用的日本师傅。师傅看看她，再看看佛莱希曼。

“你说她要来这里工作，是什么意思？”

“是的，她将跟你一起工作，她会是我们的明星！”

“我不干了。”师傅说完走出去。

佛莱希曼说服他留下来。

翠西和师傅谈了一会。她说：“我不知道女寿司师傅到底是哪里有问题，但假如我真那么可怕，一个月内你受不了我，我就走。”

他瞪着她：“一言为定！”

津波开业时，佛莱希曼要翠西穿上很有挑逗意味的服装，翠西拒绝了。但那并没有阻止佛莱希曼激起一阵媒体狂热。

“我们有全世界唯一的女寿司师傅！”她记得新闻记者抢拍她的照片时，他这样大肆渲染。日本师傅则站到一旁怒视一切。

俱乐部每天晚上都客满。翠西像个疯女人般做寿司。一开始她问日本师傅问题，但他都叫她闭嘴，看他做就好。就这样过了一年，翠西学到了很多。翠西接着在日落大道一家叫里香的餐厅，经营自己的寿司吧，还出版她个人的寿司食谱。

还有其他女性从加州寿司学院毕业，在寿司界闯出一片天。吉伯特是威尼斯海滩当地人，她原本住在日本，后来回到洛杉矶，成立了一家叫做寿司女孩的寿司餐饮服务及指导公司。有一个坚毅的以色列人赛佛在日本受过短期学徒训练，饱受歧视，然后回到洛杉矶，协助开设一家美国风格的寿司咖啡吧，叫做中央寿司，类似星巴克的寿司版。非裔美籍的贝吉特毕业后，即成为美国田纳西州曼菲斯寿司吧的主厨。

接着在2005年1月，一个迥异于俊或他的师傅所遇到过的女子，来到学院。

菲是俊和其他师傅所见过的最美的女人之一，她的美和日本女人的美截然不同。她是丹麦人，丰满匀称且高挑，有双蓝色的大眼睛，还有冶艳的金发。但是她言行举止似乎完全是日本人的模样。菲甜美，轻声细语，顺从温柔。日本师傅不需要了解她，就已经爱上她了。菲在丹麦时，13岁就主演了她的第一部电影，16岁时，有四家模特儿经纪公司要网罗她，但菲选择在她继父的寿司外带店工作。菲高中时期都在店里工作。店里有许多关于日本文化、食物、佛教的书，菲求知若渴，勤读这些书，她还修了一门亚洲宗教的课。

19岁时菲到亚洲旅行，一路从泰国、越南吃到柬埔寨。她回到欧洲，去丹麦的烹饪学校学习，把钱存起来。寿司在欧洲仍持续大受欢迎。当菲觉得自己准备好了，她就飞了9 000公里来到洛杉矶，把存款用在加州寿司学院。

她很快就在荷摩沙海滩引起注意。洛杉矶湖人队的前锋沃顿

（NBA 伟大球星老沃顿的儿子）在一堂瑜伽课上看到她，约她出去，被她拒绝了。

菲毕业后，俊让她留在哈玛荷摩沙，继续在寿司吧后接受训练。菲的问题和她之前的女性不同，那些日本师傅争先恐后地奉承她、帮助她，连客人也赞美她。菲无法分辨她做的寿司是否好吃，或者大家是否因为她漂亮，才对她那么好。

派拉蒙影业公司派对的前一晚，一个嘴巴很大的白人来哈玛荷摩沙用餐。他坐在吧台靠近菲的位子，喝清酒用餐。有位店员问他觉得菜色如何。

他用盖过音乐的声音回答："是这样的，事实上，我不喜欢女寿司师傅。我要日本男人为我做寿司。"

幸好那晚凯特没有到餐厅来闲晃。她最近怎么做都不对劲，在课堂上的麻烦就够多了。凯特一直都很男孩子气，但在寿司学校，她却和那些男同学相差甚远。卓南还把她当小婴儿看待。事实已经很清楚了：卓南对她的标准比班上其他人还低。

为了提振精神，凯特曾在笔记本上涂鸦，画上几颗爱心。卓南看到她画的图还嘲笑了她。

第九章

在好莱坞卖寿司

这天在派拉蒙影业公司有场好莱坞派对，早上俊比其他员工还早到。到了十点，他还在厨房奋战不懈，派对将在八小时后开始。

俊站在一张很适合放在停尸间的不锈钢桌旁。桌长约 370 厘米，斜越过整个厨房。桌上有一个高密度聚乙烯砧板，经化学熔合可抵挡细菌、脂肪和血液，但又够软，俊可以使用高碳刀好几个小时，而不会把锐利的刀口弄钝。

俊俯身拿起一大块鲜红色的鱼肉。19 世纪初寿司首度流行时，像俊这样的一流师傅使用鲔鱼，早就被赶出城了。新鲜鲔鱼和其他红肉鱼血淋淋的肉很容易腐烂，日本人觉得很臭，而鲔鱼的肥腹肉尤其惹人嫌恶。

但随着冷冻技术问世，鱼能够保鲜，而且在第二次世界大战后那几年间，日本人效法美国人也爱上红肉，包括鲔鱼。

拓美站在桌子对面观看。他的砧板上有一块类似但小一点的鲔鱼块。

俊像个雕刻家般切割鱼块，仔细端详肌肉纹理，翻转、修整。他把一些碎肉丢进碗中。

“我们要用这些来做辣鲔鱼。”俊用日文说道，但“辣鲔鱼”这几个字用的是英文。因为它在日文中连个名字都没有。在美国寿司发展初期，洛杉矶的日本师傅了解到，他们可以取鱼身最差的部分（有纤维的碎肉、鱼皮上剩余的肉、过了最佳食用时间的肉），剁碎后跟辣椒酱混合。这道菜鱼的味道消失了，但深受美国人喜爱。“受墨西哥的影响很大，”俊告诉拓美，“美国人比日本人还爱吃辣的食物。”拓美点点头。几分钟内，他就要用汤匙把残余的碎肉从鱼皮上刮下来，和其他碎肉一起剁碎，然后喷上装满辣酱的混合酱汁。此刻他用手试着修整鱼块。当他要开始切时，俊阻止他。

“不对，不是这样。你这样是顺着纤维的方向切。”循着俊的手指，可以看到结缔组织的平行条纹贯穿鲔鱼肉，像是木头的纹理。“看到没？你要逆着纤维的方向切。”俊把鱼块翻转过来，让拓美从另一边切。“要切得比餐厅用的还碎，”他补充道，“做这种宴会餐饮服务工作，我们要的是量大。”

其他餐厅员工陆续进来帮忙准备派对工作。俊的行政助理把一袋约 0.9 千克的亮绿色粉末倒进搅拌碗里，袋上的标签写着“山葵”。与餐厅提供的多数山葵一样，里面连一丝山葵都没有。真正的山葵非常稀有，出了名地难种，尝起来味道很不一样。这袋亮绿色粉末是种混合了辣根和芥末粉的粉末。她加入水搅拌，粉末凝结成绿色团块，散发出难闻的气味。

“带那东西滚出厨房！”俊大吼，“它会让我们全都抓狂。”

女子把碗抱在胸口，弯腰道歉后离开，眼眶有点湿润。

不久后，学生们鱼贯而入，把餐饮服务工具装进租来的卡车。

杰命令道：“随身携带的东西尽量减少！”杰还说：“不要带大袋子！不然会无法通过安全检查！”

但当然他们带了刀具。

学生开着餐厅的老货车前往好莱坞。凯特跳上前面的乘客座，“砰”一声用力把门关上。他们沿着公路缓慢行驶，远处洛杉矶市中心的玻璃塔从薄雾间升起。不久他们就笔直驶向山丘巨大的白色字母“好莱坞”。他们沿着高墙围起的广阔场地行驶。安全摄影机正监控着这辆货车。

配枪的男子——都是大型枪炮——在安全检查站着。有些人肩上挂着温彻斯特来福枪，有些人臀上佩带六发式左轮手枪。他们多半都穿皮裤、戴宽边高呢帽。其实他们都是演员，真正的警卫是穿风衣，佩戴无线电对讲机。演员将枪械交给警卫，走过金属探测门。警卫看到凯特的厨师服，在名单上找到她的名字，挥手让她带着刀具箱通过。

在围起的场地中，凯特跟着同学经过一排悬挂物，现身于 1 000 年前的美国边境城镇的边缘，到处是老西部的居民，闹哄哄的。寿司学生徘徊于城镇中，仿佛一群流离失所的武士。他们身旁的牛仔快速旋转套索，街头巷尾萦绕着烤牛肉的香味。

这个城镇延伸好几条街远。远方有个白色尖顶水塔坐落于支柱上，侧面画着一座雪山，位于“派拉蒙”字样的下方。凯特抓着刀具箱，蹒跚穿越街道。她看到前面俊和几位员工在街角架起寿司摊。

超过六十家餐厅会在五颜六色的摊位上叫卖食物，多数是烧烤、烘制或油炸的食物，闻起来让人垂涎三尺。其中有些餐厅是传奇名店，品克热狗专卖店和其“知名热狗”创始于 20 世纪 30 年代。寿司摊隔壁的摊子正在冒烟，这家店名叫“猪”。当俊找到机会溜出去几分钟，会走捷径去买劳瑞斯牛肋排餐厅的烤牛肉。

现在他穿上厨师服，检视工具——装满鱼、重约 115 公升的冷藏箱，装米的隔热箱，刀具箱，酱油罐，一批免洗卫生筷。然后他检视学生，一些在帮忙架设摊位，一些则站在一旁，不确定要做什么。他的目光停留在凯特身上。

他自言自语：“我们需要支援。”

俊在这些工具中搜寻秘密武器：铃模寿司机（简称 GTO）。他找到这个有衬底的黑色箱子，把它拿到摊位后面。

铃模寿司机看起来像个有盖的木桶。俊将一条电线从桶子后面拉出，寻找插座。他呆住了，这里是老西部，没有插座。

俊皱了皱眉头，往街上张望，寻找工作人员。他在好莱坞混很久了，知道任何拍片的地方都有电源，你只需找到工作人员告诉你电源在哪。他看到一个男子身上戴满工具、小机具，腰带垂挂着托架。俊把他拉到寿司摊来。这位工作人员跪在地上，松开一块钢板，里面是一排重负载插座，GTO 的电源终于打开了。

就像他周围这个城镇一样，俊这个木桶的木头也是假的。他把塑胶盖打开，把煮好的饭倒进去，按下一个钮。一个托盘滑出来，他在袖珍键盘上输入指令， GTO 就启动了。

俊的太太和孩子也来了。他儿子大介很快跑到 GTO 旁，日本学生拓美也加入他们，三人围在机器上方，手倚着膝盖，盯着里面。

就像丰田和本田汽车工厂里制造汽车的机器人一样，制造寿司的机器人在日本也很普及，在销售量很大的寿司集团里，勤奋不懈地秘密工作着。在欧洲，回转寿司餐厅的老板将精巧的不锈钢寿司机器人安装在客人看得到的地方，让客人赞赏他们的高科技魔法。但是在美国，寿司机器人却是秘而不宣，多数餐厅老板不让人看到机器人，用它们来做外带和外送寿司。

俊在 GTO 上按下一个按钮，齿轮咬合，马达运转。GTO 能以每小时制作将近 1 800 个的速度，快速做出专业级的长方形压寿司饭。但今天它卡住了。俊咒骂道：“该死，死机了！”

就世人所知，今日的寿司起源类似街头摊贩。到了 17 世纪，当时日本首都京都和附近的大阪两地的人都吃“早寿司”——把鱼放在醋饭上。这看起来和今天的寿司大相径庭，当时人们把醋饭铺在盒子中，放上完整的鱼片，用重石压住几天。压好之后，把它像蛋糕一样切片。

大约在 1600 年，新幕府将军把首都自有千年日本传统和宫廷文化的京都迁出，移至默默无闻的遥远城镇江户，江户就是后来的东京市。江户的意思是港湾门户，这个城镇正位于广阔海湾的边缘。

大约在迁都 50 年后，一场可怕的大火毁了城镇的大部分。工人涌进江户重建城镇。于是一种新行业应运而生：街头贩卖快食的摊子和店铺，热汤面尤其受欢迎。寿司可能从不曾流行，但在 1686 年，为了预防火灾，当局禁止在晚餐时段卖热汤面。结果，摊贩纷纷改卖“早寿司”，因为这不需加热。

到了 18 世纪后半叶，江户已成为全世界最大的都市，成为喧闹的工商重镇，到处都是武士、建筑工人、工匠和商人。他们许多人都住在首都以外，但都长期在江户营生，因而小吃摊贩和餐馆整个产业应运而生，供应他们饮食。在此期间，卖寿司的路边摊就等于像麦当劳一样快速。

现代寿司一开始是种速食。但是早寿司还不够快，这种鱼饭组合的糕状物，必须先用重石密压。大约在 1818 年，有些寿司师傅想出新招数，在客人点寿司时，才用手压每一块寿司。这种手压寿司日文叫做“尼基里”（*nigiri*），从日文动词用的发音“尼基鲁”（*nigiru*）而来，是握紧或挤压的意思。

一位叫华屋与兵卫的寿司店老板，常被誉为发明握寿司的人。但历史学家认为，华屋与兵卫的寿司店在 1810 年开业时，卖的还是老式早寿司。华屋与兵卫所做的，似乎是把企业行销技巧带进这项新产品中。当时有首诗标明了他的成功：

当华屋与兵卫紧握寿司，
客人蜂拥而至，
紧握双手，
不耐等待。

手压寿司是最新热潮，风行整个江户。很快地，街头巷尾到处都有流动摊贩在卖握寿司，这比较像是点心而非正餐。与现代的寿司吧相反：小贩坐在有轮推车后面做握寿司，客人则站着吃。有些小贩背着装寿司的箱子，在镇上游走贩售。武士晚上从澡堂回家的路上，尤其喜欢吃握寿司，握寿司外带盒也成为上戏院时很受欢迎的点心。

在街头，人们是用手抓着握寿司吃。有些小贩把几张报纸钉在柱子上，供客人食用后擦手，较别致的摊贩则在摊子前挂一块布条。现代寿司吧仍然会在入口挂一条布，但这已经失去了原来的功用——在 19 世纪的东京，我们可以从寿司摊前的布条有多脏，来判断其受客人欢迎的程度。那时在戏院，人们举止较有教养，用长牙签叉着握寿司吃。

随着这种新形态的寿司稳定发展，人们开始用“江户前寿司”来区别握寿司和其他地区的老式寿司。“江户前”字面上的解释是在江户的前面。鳗鱼贩首先用这个词来推销鳗鱼，说他们的鳗鱼捕捉自流过城市的河。当寿司贩用这个词时，很可能是指城市前面的海湾，他们大部分的寿司料都是在那里捕获的。

既然握寿司是街头小吃，那么寿司料就最朴素不过了。煮蛤蜊、鲍鱼、鳗鱼都很普遍，还有可在海湾捕到的清淡小鱼。世人认为最美味的寿司鱼料是一种无法引起食欲的名种——银鱼。另一种受欢迎的寿司料是白鱼，这令多数现代寿司爱好者作呕，却是幕府将军德川家康最爱的一道寿司。现在的寿司迷有时仍会吃这种像小虫的透明小鱼，把它们扎成一束放在矩形饭团上。

握寿司发明时，日本人认为鲔鱼是很低级的鱼，连街头摊贩都不用鲔鱼。大约 1840 年，当地渔夫捕获大量鲔鱼。既然鲔鱼数量这么多，就有寿司摊老板把一些鲔鱼浸在酱油中，说服客人尝试看看。摊贩开始在寿司饭上放鲔鱼，但只当作给劳工阶级吃的便宜食物。大多数人（平民和贵族都是）仍然持续鄙视鲔鱼数十年。

若不是因为两场变故事件，握寿司可能不会流传到日本其他地区，也不会成为现在世人所知的寿司形式。从 1923 年的关东大地震开始，直到第二次世界大战期间，江户的大半地区（当时已称东京）一再被烧毁，变成残骸废墟。寿司师傅成群离开江户，多数人回到故乡，在首都以外的地方开设江户前寿司店，贩卖握寿司。

随着战事不断拖延，食物短缺。军方严格实施米粮配给，各地的寿司店接二连三关门。即使在战后，寿司店也拿不到足够的米来做生意，海鲜也受到严格管控，江户风寿司似乎就此走入末途。

战后，麦克阿瑟将军的美军控制了这个国家。根据日本经济复兴计划的一部分，美方想要重新启动餐饮业，但食物还是限量配给。他们制定了《委托处理系统》的规章，在东京试行。

该规章允许客人把配给的米带到寿司店，付钱请师傅做成寿司。为了预防违规事件，规章明确规定多少米可以做出多少个握寿司。

虽然许多东京寿司师傅对此存疑，但试行结果是，该系统大受民众欢迎。不久寿司店就重新开张，生意兴隆。警方会取缔使用配给鱼的寿司店，所以师傅在寿司料上要费点心思。他们不用惯用的鱼，改用鲱鱼、河豚、蛤蜊，甚至用鳢鱼——这种鱼能钻进土里，可以一次离水生活三四天，所以很容易保鲜。

有时为了变化，或无法取得海鲜，师傅会用香菇、葫芦干和用清酒腌渍的蔬菜做寿司料。有些材料从此就被用在寿司上了。

有了东京《委托处理系统》的成功经验，美方将此制度扩展到全国施行。结果，全日本的寿司店比其他餐厅都更早重新开业，使得寿司在战后日本随处可见。由于美方最初是针对东京制定这个规章，《委托处理系统》明确规定全国寿司师傅都要做东京风的握寿司，不能做其他地区盛行的乡土寿司。现在，全日本有许多地区的寿司变化类型仍然存在，但是通过了美国占领军，世人才逐渐认识了江户前寿司。

在派拉蒙影业公司，GTO 机器人应该要快速做出东京风的握寿司。俊轻轻摇晃切割器，但机器人无论怎样就是不动。俊的儿子大介说："爸爸，你应该事前测试的。"大介这个名字的意思是帮大忙。俊盯着饭桶，说："我们把衬垫拿出来吧！"拓美热心想帮忙，结果却把大量黏饭掉在机器的齿轮上。俊清理好齿轮，调整一下切割器。突然机器再度启动，随即做出了一个完美的矩形饭团。俊设定 GTO 的尺寸和紧密度。他从间隔中拿出第一个矩形饭团，机器又吐出另一个，大介把它塞进嘴里，GTO 又吐出一个。

俊点点头说："好了！"寿司机器人可以运转了。

傍晚夕阳西下。俊抹抹额头，和太太在摊子后的阴凉处坐下，嘴里咬着甜甜圈。卓南坐在附近的箱子上，靠墙小憩片刻。

一个牛仔散步经过，靴跟的马刺在柏油路上刮出刺耳的声音。他瞥一眼寿司吧，然后看看俊。

"你们几点开始？"牛仔问。

俊清醒过来说："五点四十五分。"

牛仔点点头说："我到时会过来。"

后来，牛仔回来吃寿司，心满意足地缓步离开后，镇上挤满了古铜肤色且耀眼的洛杉矶人，还有弥漫着西部乡村风情的乐团演奏音乐。排队等寿司的人潮从旁延伸到街上。

在寿司吧后面，三个学生尽可能快速地挤压松散的寿司。卓南在他们旁边工作，他迅速做出紧密、整齐的寿司。着迷的洛杉矶人挤到寿司吧前观看，他们在寿司餐厅从没离师傅这么近过。

马可斯最爱这样。他在 17 岁时来到了寿司学院，成为该学院有史以来最年轻的学生之一。他长相俊俏，是个高大的金发男孩，脸上长有雀斑。

马可斯认为这是邂逅辣妹的绝佳方式，他只要站在寿司吧后，她们就会自己靠过来——寿司是诱饵。他曾在杜兰哥的餐厅工作，但在厨房默默工作，让他没什么机会遇到辣妹。更何况，这是寿司呢，比一般食物酷多了，女孩儿都爱寿司。

两个迷人的年轻女孩走向马可斯的工作岗位。

“我能来个手卷吗？”其中一位问道。她对着马可斯微笑。他工作时女孩就看了他好几次，他和她闲聊。她吃光手卷，随着音乐旋转，然后就和朋友离开了。

更多可爱的女孩来跟马可斯点寿司。

“你待会会在附近吗？”其中一位问。

“唉，我想我会被钉在这，直到寿司没了。”马可斯说。他现在才意识到这个问题。

凯特畏缩不前，只是看着，双手在身后紧握着。她脸上挂着勇敢的微笑，但还没做半个寿司，就快要轮到她上场了。

凯特平常没这么害羞。她曾是高中足球队员，是众人注目的焦点。在查克奶酪比萨店，她是唯一愿意穿老鼠装在庆生会上表演的员工。事实上，她还曾穿老鼠装在小朋友的庆生会上跳机器舞，差点因此被炒鱿鱼。但凯特现在一点都不想跳舞。

拓美做了一个简单的手卷给她看，甜筒状的那种。他举起手卷，对她鼓励地微笑。

街头爆发了枪战。洛杉矶人东倒西歪，有些则迅速弯身寻找掩护。二楼太平梯有个男子接连发射子弹。警长从对街窗户反击，他手持温彻斯特来福枪瞄准亡命之徒。洛杉矶人放声大笑，又转身继续吃寿司。除塞尔斯先生加州肋排外，现在排队等寿司的人比其他食物摊位还多。

卓南离开寿司吧，凯特发现取代了他的位子。现在她是主寿司师傅了，洛杉矶人长时间饥饿排队等候之后，遇到的第一位师傅。俊在摊位后面看着他们。“请给我辣鲔鱼！”客人挤进来，“我要鲑鱼！”凯特没时间思考。“我能多要点山葵吗？”她的手开始动。“那边的鱼是什么？”

她不确定——是长鳍金枪鱼？鲥鱼？那不重要。她把饭和鱼放在海苔上，卷起，递出去。

“那些虾给我一个——不，还是两个好了。”

她腰侧的蓝色塑胶碟中有好几个完美的矩形饭团。她抓取一个，放上虾，在她指间捏压成握寿司。她试着让自己看起来好像知道自己在做什么。

客人微笑说：“嘿，谢啦！”

“请给我两个鲔鱼。”

凯特往下看，另一个装着完美矩形饭团的蓝碟子已经出现了。她抓过来，放上更多鱼，捏压，递出去。

“看起来真棒！谢谢你！”

她笑着回答：“不客气。”

排队人潮不断。但他们都很友善，也喜欢她的寿司。装矩形饭团的蓝碟子源源不断地出现。

不久，凯特一边工作，一边开始和洛杉矶人闲聊。她告诉他们一些寿司掌故，这是他们所不懂的。一个媒体摄影记者经过，拍下凯特的照片，一个带摄影机的男子拍下她工作的情形。马可斯给了凯特一个惊喜，他排在队伍中，请她为自己做寿司。俊斜倚冰箱，看着凯特，露齿微笑。

大介穿着爸爸的厨师服，衣服下的小小身躯好像穿着连身裙。男孩来回奔波，赶在机器人吐出矩形饭团前，尽快把饭团从 GTO 取出。他把饭团放在蓝碟子上，带着碟子奔到摊前，把碟子滑到凯特桌上，然后再带着空碟子跑回去，如此反复。对街的人随音乐起舞，大介把双手放在寿司机器人上，扭动屁股，跟着唱起来："乡间小路，带我回家吧，回到我归属的地方。"

寿司摊打烊时，员工估计学生们卖出了近 4 000 个寿司。同学们开心地击掌。回程路上，凯特坐在货车后座，她忍不住一直微笑。她想起她最喜欢的寿司店里那位她逐渐熟识的寿司师傅，他会跟她开玩笑，让她自觉与众不同。今晚，她首次觉得，她能做得跟他一样好。她想站在寿司吧后方，和客人谈笑，让他们感觉很特别。

货车颠簸倒车入巷，停在餐厅后的停车场。凯特爬出车外，伸展双腿。快十一点了，还有很多善后工作要做。俊把剩饭倒进厨余桶，卓南把盒子放到储藏室的架上。凯特怕他会开始吼叫，赶紧过去。

厨房很挤。餐厅正职员工也和学生一起整理。凯特在水槽洗碟子，有人悄悄走向她，她抬头一看，是俊。

"你的信心震惊了我！"俊说。

凯特脸上绽开很灿烂的笑容："谢谢您。"

第三、四、五周

捏寿司和杀鱼的门道

第十章
为你量身打造的寿司

周一上午，卓南从墙上拿下出勤表，大声叫出每个学生的名字，这是他每天的例行事务。

“有！”每个学生大声回应。

卓南站在长课桌的前头，扫视学生。

“你们星期六的表现远超出我的预期，”他停顿了一会，又说，“但如果你们的制服很脏，我可不会让你们进来上课。”

他很明显是指马可斯，他的厨师服很可能连一次都没洗过。

“注意卫生！”卓南吼道，“调整帽子！”

在派拉蒙派对后，凯特的情绪很高昂。这是她来到寿司学院后，第一次真的相信，自己有可能毕业，然后成为寿司师傅。或许缺乏厨艺并不重要，她已经证明了，她把饭和生鱼压在一起时，还能同时和客人互动。假如她持续练习，她甚至不需要机器人协助。

卓南打断了凯特的白日梦。他正在告诉学生，如果他们想成为寿司师傅，可不能只会把生鱼和饭压在一起。他们必须拥有厨艺，还得知道怎么煮，而且不只是煮而已，还要会煮日本繁复的宫廷菜肴。优秀的寿司师傅甚至在开始上寿司前，就能先迅速做出整套传统菜肴中好几道精选的开胃小菜。

这是“欧马卡塞”（*omakase*，意思是主厨推荐）手艺的一部分，这是熟客坐在寿司吧上，对师傅说的话。寿司行家很少从菜单上点菜。传统上，日本寿司吧甚至连菜单都没有。主厨推荐是指请师傅送上他认为当天最新鲜的食材，并且根据食材展现厨艺。对认真的师傅而言，那还包括烹饪。

卓南告诉大家，怀石料理是就用小碟子装着菜肴，一道接一道上菜。寿司吧的寿司也是以同样的方式：许多不同的鱼一小份一小份地上菜。用现代美国用语来说，怀石料理和寿司都是一种“主厨赏味菜单”。

日本宫廷菜肴称做怀石料理，“怀石料理源自日本传统茶会，”卓南说：“这是在茶会结束时吃的餐点。”

“打开课本！”卓南喊道，“凯特！请念！”

凯特慌忙打开课本，清清喉咙，单调地开始念起来。那本书的作者写明，该书主旨并非教授食谱。“真正的目的，”凯特念道，“是要教你们以日本精神来烹饪，日本精神对于食物纯粹而严谨的影响，已经形成一门艺术。”

在冰箱和冷冻库的嗡嗡声响中，同学都很难听清楚她的声音。卓南打断凯特，加上自己的评论。

“日本人如果没吃到米饭，就不觉得自己吃过正餐。”卓南说：“味噌汤要在用餐结束时喝。当一个西方人坐下来，从味噌汤开始点，你就知道他根本不懂日本食物。”

卓南接手朗读课文，他跳到喝清酒的段落，清酒是古老的日本米酒，也是怀石风开胃小菜的良伴。但根据日本人几个世纪以来的想法，清酒和含米饭的食物不相配，因为米饭和米酒的风味太类似了。传统上，清酒和米饭从不一起吃。然而，现在寿司餐厅都尽量供应清酒，因为寿司餐厅的食物成本很高，推销昂贵的清酒是赚钱的方法。

卓南接着谈到一则有关筷子的注解。课本上说，日本人似乎总对玷污有特别的恐惧，许多日本人在家只用私人专属的筷子，通常都是项小艺术品，表面上漆，上面用镶嵌物装饰。但在餐厅正式用餐时，大家都用便宜的免洗筷，是用未经最后加工的西洋杉或竹子做成的。

这样，他们就能确定，没有人曾污染他们的餐具。纯净的代价是很高的，日本农业部估计，日本人一年丢掉 250 亿双筷子。森林砍伐使得日本一些餐厅开始改用塑胶筷。很多美国人相信，用餐前先将两根筷子互相刮一刮，把一些刺刮掉，这是适当的礼仪。其实这在日本是很不礼貌的行为。

卓南说："要做主厨推荐，你要从三道怀石风开胃小菜开始。开胃小菜可以是不限多寡、任何食材的炖物和烤物。然后师傅再上鱼，口味要从清淡到浓厚，而且要配合季节，比如，先是白鱼，再来是扇贝，接着是章鱼，这些口味都很清淡、爽口。然后再上鲑鱼或鲔鱼这些口味比较重的鱼。"

卓南从架上抓出一本厚重的相册，说："好吧，围过来。"

照片上是学院上一期学生做的怀石风开胃小菜。"有些实在很可怕，"卓南说："不过这让你们了解到它的变化多端。"

现代寿司源自老东京的街头摊贩速食，而卓南所描述的精致寿司料理，与原本朴实的起源，似乎完全是两回事。

19 世纪初期，握寿司首次出现在江户街头后的几十年间，幕府将军的权力被削弱。一位叫做中野硕雄的贵族秘密累积了庞大权力。刚好他的宅邸离阳平寿司店很近，这是华屋与兵卫的店。就某种意义来说，该城区是寿司中心。阳平寿司店成功后，第二家大型寿司店也在附近开张，叫做松寿司。

领主和官员在前往中野硕雄宅邸的路上会经过寿司店。松寿司就展示特别的外带寿司盒，其握寿司有各式各样的寿司料，其中许多都经过特殊烹调或腌渍。阳平寿司店也很快跟进。这些别致的寿司盒变成投中野所好的精选礼物，由于访客争相以礼物取胜，于是寿司盒就愈做愈精致了。

外带寿司盒流传开来，城中贩售精致寿司礼盒的店家，如雨后春笋般出现。这些店家的奢侈铺张和寿司的售价，比起当代东京传说中银座地区最高级、最昂贵的寿司吧，有过之而无不及。

奢华寿司的出现，与江户城中的发展趋势相符，拥有可观收入的商人和工匠变得讲究饮食，把品尝美食当作时尚的表现。武士忘记了军事技能，纵情享乐，无所事事。

不久，政治风气转变。20世紀40年代初期，政府颁令禁止奢侈浪费。中野被剥夺权力，士兵扫荡全城，围捕娼妓、色情文学作家以及寿司师傅。松寿司和阳平寿司被迫关门，超过两百名精致寿司店的店员被逮捕。寿司还算幸运，这场改革并未持续下去，这群官僚的带头者被驱逐了。一两年内，高级寿司店就重新开张，甚至连一般百姓偶尔也会犒赏自己一个精致寿司店的外带寿司盒。

这些店备有外带寿司，也可向外配送寿司到客人家里或店家。师傅包装外带寿司时，用竹叶把握寿司分隔开。竹叶能防止各个寿司的味道互相影响，而且还附带些许抗菌功能，还能起到装饰性的功效。他们甚至为贵族客人在竹叶上刻出家徽。现在仍用于外带寿司的装饰用绿色塑胶叶片，就是从早期习俗流传下来的。有些品牌的塑胶叶片甚至还涂上抗菌的化学物。

时光流转，有些精致外带寿司店在门前装设柜台，有点类似街头摊贩，路人可以站着吃。有些店在室内装有柜台，甚至还有榻榻米室，可让客人坐着用餐。柜台通常都位于格状屏风后面，而师傅一般都跪坐在柜台后方高起的平台。

第二次世界大战后，美国占领军当局基于室外食物有害健康而禁止设摊，所以当寿司师傅战后再度开业时，寿司改在室内贩售。师傅架设高柜台和整排凳子，师傅则是站着做寿司，以保留立摊的精神。

20世纪的寿司吧就此诞生。

街上不再买得到便宜的寿司，收入不高的人负担不起。日本普通百姓必须等上好几十年，直到便宜的回转寿司餐厅问世，寿司才回归最初朴实的起源。而在同时，高级寿司吧的寿司师傅提供精致、多元的餐点，添加怀石料理的元素，把高级寿司带向更奢华的境界。

卓南带领学生经过教室后的长形寿司吧，走进厨房。他从餐厅的冷藏室拿出两个金属大托盘。

这些寿司料摆放在小陶盘上，每个都整齐地用塑胶膜包起来，师傅在寿司吧工作时可以随手取用，里面有鲔鱼、鲑鱼、鲥鱼、比目鱼等鱼厚片，还有煎蛋卷、去骨的青花鱼片、烤鳗鱼、章鱼块、乌贼块、辣鲔鱼拌料、雪蟹丝、毛鳞鱼卵、飞鱼卵、海胆卵。

卓南说："我要你们做出一道菜，你们有十五分钟可以翻书，然后在一个小时内完成。"凯特看着卓南，无法理解他的意思。其他学生都盯着托盘上的食材。卓南抓了一些要用的食材，拿了一个不锈钢炒锅，从柜上拿出一个汤锅。没几秒钟，他就已经在切菜、切丁、烹饪了。"懂了吗？"卓南咆哮道，"你们在寿司吧做主厨推荐时，就是这么一回事。被迫上场！"

第十一章
卷寿司的秘密

学生突然开始动作，聚集在煮好的开胃小菜旁。凯特呆住了，一个半小时内，她只切好了几片蔬菜和鱼，还没想清楚该怎么做一道小菜。卓南在评论其他学生热腾腾的食物，假装没注意到凯特的冷盘。

隔天早上他继续上新课程。

“架好你们的寿司台。”卓南喊道。

为了派拉蒙的派对，卓南已教学生做了手卷，现在该是他们用竹帘卷做正统卷寿司的时候了。

在日本，卷寿司是后面才添加的菜色。为了确保客人离开前吃饱，寿司师傅会在客人用餐尾声压出一条简单的卷寿司。但在美国，寿司全都是卷寿司，美国多数卷寿司在日本从没出现过。最开始，美国的卷寿司是里卷。

加州卷是公认的令寿司进入美国市场的关键创新。位于洛杉矶“小东京”的东京会馆是最早架设寿司吧的餐厅之一，也是洛杉矶最早的日本餐馆，在20世纪60年代后期，加州卷于此诞生，发明人叫真下一郎。加州卷被视为天才的创举：发明师傅一定读懂了美国人的想法和思路，才能改造出适合美国人口味的寿司。

事实上，发明加州卷根本不是为了美国人的口味。起初，多数光顾东京会馆寿司吧的客人都是日本人。师傅做出加州卷，只是因为要取得新鲜的鲔鱼肚有困难。

但是加州随时都可取得丰富的酪梨。一颗酪梨几乎三分之一是脂肪，相当于一块瘦肥适中的肉。酪梨在口中溶化的口感，有点像肥鲔鱼。

起初真下在酪梨泥中拌入虾，使它带点淡红色泽和海鲜风味，后来他选用蟹肉。他把酪梨蟹肉泥放在传统卷寿司里，给日本客人食用，使他们回想起家乡的肥鲔鱼。过了三个月后，才有人把这道卷寿司命名为加州卷。

后来，随着寿司席卷“小东京”，师傅开始迎合美国客人的喜好，才有人想出做里卷，做里卷的重点在于藏住海菜。

有一个流传甚广的传说：在 19 世纪后期，第一批访日的美国人看到日本人吃酥脆的海菜薄片，即海苔，惊恐地报道说日本人吃黑纸。海苔发源于东京浅草区，当地素以制纸闻名。首批做海苔的人就是借用传统日本制纸技术，运用在海菜上。

日本人吃海菜已经超过 2 000 年了。相反地，希腊人和罗马人不喜欢海菜，海菜只用来喂牲口，或是紧急危难时才吃。但是许多美国人的祖先则很爱某种海苔。在不列颠群岛，沿海居民会炖煮同一种叫做紫菜的海菜，可以做成馅酱塞进馅饼；或者拌进燕麦粥中；还可以煎成紫菜酱，搭配培根当早餐。

海苔就是晒干后的紫菜，紫菜实际上是一种红色海藻，干燥后会变成深绿色。寿司师傅说，最好的海苔颜色很深，接近黑色。现在单单日本一年就生产大约 70 亿片海苔。美国许多海苔都是中国制造，有些则来自韩国。

现在海苔片这么普及，很难想象海苔曾是日本的奢侈品。海苔之所以珍贵，是因为采收的人只能在低潮处岩石上采收紫菜。17 世纪时，大家开始在水中架网栽培海苔，但产量仍然很低。在20世纪前半叶，栽培紫菜靠的是运气，有些收成很好，有些很糟，所以海苔仍然很贵。当时寿司以握寿司为主。

1949年，海苔之谜解开了。破解的侦探不是日本人，而是英国的植物学先驱——卓贝克。

卓贝克是首批曼彻斯特大学毕业的女学生，她于1928年与科学家同事结婚后，就被解聘，因为当时已婚女性不得教书。她奉献一生进行海菜的研究，开始收集旧果酱罐中的样本。

卓贝克搜集钻过蛤壳和牡蛎壳、像虫般细小的海藻，她在家中用蛋壳培育。她发现其中一种钻壳海藻竟非独立品种，事实上是紫菜的母体。

结果，大家所食用的紫菜的大红叶，基本上是用来产卵和精子的性器官——这不过是细微钻壳者生命历程的中间阶段。

这种细小的钻壳者从隐身处放出孢子，孢子长成红叶，但叶子只有其细小母体一半的染色体。有些叶子会产生成串雄性细胞，有些则产生成串雌性细胞。雌叶在水中建立小桥通往雄叶，这样雄叶就能授精。

卓贝克的发现表明，日本栽培紫菜的人终于可以在网中播种了。今天，海苔制造业生产效率很高，而且能预测收成。在类似温室的长形房屋中，员工用喷水壶将细小钻壳海藻洒在牡蛎壳上。工人把牡蛎壳挂在池中的绳索上，让海藻钻孔、生长约五个月。在钻孔者释出孢子后，工人就把网子沿着圆桶缠绕，在水中转动圆桶，就像水车一样。孢子附着在网子上生根成长。

然后种紫菜的农夫就能把已播种的网子冷冻，留待日后使用，或是将网子直接移植到安静的海湾，把它们绑在海水中的框架上。雌叶和雄叶生长四十或五十天，然后将它们从网上割下，切成薄片，晒干变成片状。基本上一片海苔就是一场海菜男孩和海菜女孩的夜店狂欢派对，压挤成一片可以吃的纸。恰巧这场狂欢派对挤满了谷氨酸盐和次黄嘌呤核酸，或单磷酸核酸，也就是双重的鲜味，能使人类味觉感到高汤和海苔的曼妙滋味。古风寿司师傅仍然喜欢用木炭烘烤海苔片，使海苔特别脆。

卓贝克于 1957 年过世，她浑然不知自己独自为亚洲现代海苔事业立下了根基。在这一过程中，她成了卷寿司征服西方的先锋。

但她并没有被遗忘。在日本南部，一群海苔农夫募款，在可俯瞰日本海苔盛产地有明海的一处树木繁茂的岬角，建了一个花岗岩柱，柱上有卓贝克的浅浮雕塑像，还有简短的英文铭文写着“大海之母”。

日本人多半还是吃握寿司。若没有这些对卷寿司很着迷的美国人，即使在卓贝克的发现数十年后，海苔业可能还是会萎缩。

卓南说：“今天，我要教你们做里卷。”这是美式风格的里卷。

卓南在竹帘卷上铺了一层保鲜膜，以免黏到饭。卓南常被问道，以前没保鲜膜时，日本寿司师傅拿什么来包。卓南听了都哈哈大笑，因为日本寿司师傅从不用任何东西包竹帘卷，他们根本就不做里卷。

卓南要学生看着他做加州卷。他铺好半片海苔，把手指弄湿（这样才不会黏到饭），拍拍双手把多余的水弄掉，抓一把寿司饭铺在海苔上。洒上芝麻后，他把这层芝麻寿司饭翻过来，这层黏黏的饭还附在海苔上，现在位于下层。他用手指从海苔中间轻轻压出一条线，做出放寿司料的凹槽。

接着卓南切开一颗酪梨。他在海苔中间的凹槽放进几片绿色水果，拌入蟹肉和小黄瓜。他抬起整片海苔寿司饭的边缘，推往寿司料的方向，塞进凹槽的另一端，再卷四分之一圈，形成一个松散的圆木状。海苔不见了。这个卷的外面是饭，饭上洒满了芝麻。

卓南把包着保鲜膜的竹帘卷从饭柱上拿开，很快地压了一下，手指和拇指轻轻把旁边和上面拍平。里卷不需像卷寿司那样压得方方正正。

卓南把长柳叶刀的刀尖在水盘里浸了一下。他把刀子倾斜指向天花板，用刀柄后缘轻敲砧板。一滴水沿着刀片滚下来，把刀片弄湿，优点是不会黏到饭。

卓南将刀子水平扫过砧板，刀片越过卷寿司下方，从另一端起来，把饭和木头分隔开来。他很快地从卷寿司中间切下一刀，把卷寿司一分为二，旋转其中半条，让这两半并列，再一起切下两刀，然后把这六片寿司平放，露出色彩鲜艳的横切面。

“轮到你们了。”他说。

他们试着做卷寿司，多半都叠了太多寿司料，酪梨和小黄瓜都从两端挤出来。

在派拉蒙派对上，凯特为客人做了很多手卷，所以已经很熟练了。现在她设法做出了紧密成型的加州卷。

切片又是另一回事。她还是很怕切到自己。她小心翼翼地操作柳叶刀。结果她的切片歪歪的，每片宽度都不同，加州卷看起来像个小型障碍超越训练场。

“好了！”卓南下令，“现在来做小黄瓜卷！”该是掌握日本传统基本小黄瓜卷的时候了。

小黄瓜卷是细卷的一种，就大多数情况来看，传统日本寿司中唯一有人吃的卷寿司就是细卷。细卷只有几种，寿司料都很简单，其中主要的两种是小黄瓜和鲔鱼。

细卷的海苔包在外面，通常是用半张。但这种卷起来的寿司形式最早的纪录出现于1776年的日本食谱，食谱上用来包裹的东西比海苔更奇特。书上说，把有毒河豚的皮放在竹窗帘上，铺上一层饭，中间放上鱼，然后把竹窗帘卷紧，压成方形，再用重物压住。现在卷寿司的竹帘卷看起来像小型窗帘，正因为那本来就是窗帘。

小黄瓜卷的日文念做“卡巴马基”（*kappa-maki*），这个名字源自神话故事中的水鬼河童（*kappa*），据传他们住在湖中或河中。河童的知名之处，在于他们会吃掉小孩，并探头往上看女人的和服，通常因此引起麻烦。在日本古画中，这些丑陋的绿色水鬼看起来还蛮像忍者龟。事实上，在某部《忍者神龟》电影中，这些忍者龟时光倒流，回到中古世纪的日本，被误认为河童。在河童喜欢的食物中，小黄瓜是唯一胜过小孩的。因此，这就成为小黄瓜卷的名字了。

另一种普遍的细卷是鲔鱼卷，日文念做“得卡马基”（*tekka-maki*）。多数日本人认为这个名字是从赌场行话而来。但这个名称可能是从日文发音“得卡”（*tekka*）的原始意义而来，是指又红又烫的铁杆。鲔鱼卷中间的红色鲔鱼肉条看起来像根红色杆子，而山葵则创造出燃烧的感觉。还有些人说，富含铁质的生鲔鱼肉尝起来有金属的味道。

小黄瓜比鲔鱼便宜多了，卓南常吹嘘自己一天仍会练习做十条小黄瓜卷，这种练习方式就像钢琴演奏家练习音阶。他很喜欢要求学生也这么做，不论当天预定的课程是什么，卓南都可能毫无预警地命令学生放下手边工作，开始练习做小黄瓜卷。他会在室内四处走动，说：“我会告诉你们精通这些的秘诀。”学生都满脸期待地抬头看他。卓南狡黠地笑着说：“练习。”

学生练习做小黄瓜卷时，室内到处都是寿司的味道。大半时候是海岸的气味，这来自一种叫溴酚的化合物。溴酚并非真的海洋味道，而是长在海里的海藻的味道，例如紫菜。

卓南双手交握于胸前，在屋内踱步。有些学生的卷寿司看起来很完美，有些则不好。“马可斯！”卓南说：“太多饭了。”

凯特很气馁，低头看着自己的卷寿司。和加州卷切片一样，她的细卷切片全都大小不一，而且还多了一个问题：细卷裂开了。卓南扫视了一眼，但没说什么。

隔天上午，卓南一开始先示范一种很流行的美式寿司，叫做酥脆海鲜卷。但他特别强调这不是日本食物。

卓南警告：“任何多脂、油腻的东西都不算传统日本寿司，那全都是受西方的影响。”

有趣的是，有时日本观光客会来到哈玛荷摩沙点美国卷。日本一些知识比较浅薄或“美式风格”的寿司店已经采用加州卷和其他几种美国卷了，大家开始称酪梨为“陆上的鲔鱼肚切片”，因为酪梨的口感跟肥鲔鱼很像。但还有很多其他的美国卷在日本吃不到，所以日本观光客很爱吃这些卷寿司。多数美国卷寿司都是以基本里卷为基础发展出来的，例如加州卷。

但卓南一把海苔饭层翻转过来，情况就有了剧烈转变。卓南在海苔上挤一团掺红辣椒的蛋黄沙拉酱。在上面放上两条裹面衣油炸过的笔直炸虾，接着放上小黄瓜，唯一的日本风味，就是一条用来增加酥脆口感的亮橘色腌牛蒡根，里面都是染料和谷氨酸钠。卓南把这个卷压合，在装着脆皮（油炸面衣屑）的盘子里滚一滚，让整个卷都沾上脆皮。切片后喷上一点糖汁，立在盘子上。

“客人必须花 10 美元才吃得到这个！”他大笑，“真疯狂！你们会花这个钱来吃这个吗？”卓南不可置否地摇摇头又说道，“一个虾要多少钱？大概 20 美分吧。这真是个大吸金器。我保证你们以后一定得做这些。”

第十二章
小小寿司的大学问

“停下你们手边的工作！把所有食物从砧板上移开！”卓南喊道。学生惊讶地抬头看，有些人还在练习做美国卷。该做握寿司了。

学生围到卓南身旁。他举起一个塑胶桶，放到桌上。里面放着鱼厚片。他一边拿出一块放到砧板上，一边说道：“当你们切寿司用的‘内达’（neta，鱼片）时，切片的大小是两指宽、四指长。”

“内达”这个音来自“达内”（*tane*）这个发音，表面字义是种子。在古日本，工人常把一般字的音节颠倒，当作行话来用。他们把达内的音节反过来，用内达来指称某物的种子或事情的根源。内达可以指新闻文章的标题、犯罪证据，或是笑话题材和喜剧剧目。现在日本年轻人在对话和博客里也会用内达，指消息来源的人或事。寿司师傅用这个行话指称握寿司上面的寿司料和卷寿司里面包的东西。寿司吧的玻璃柜叫寿司料柜，里面的托盘叫寿司料盘。

对寿司师傅来说，内达更特定的用法是指切成寿司料盘大小的鱼块。卓南现在用这个字就是这个意思。

寿司料盘是寿司尺寸的基础单位之一。一般寿司料盘长约 23 厘米，宽约 10 厘米或 13 厘米——或者用许多寿司师傅比较喜欢的测量方式来看，大约为十二指宽。寿司师傅喜欢用手指来测量一切。

真正的寿司师傅最重要的技能除了准备饭以外，还包括把各种海洋生物转变成一块寿司料，准备成做握寿司的小鱼片。这个过程通常由师傅一大早去鱼市采购开始，一直持续到下午的厨房工作。到了客人上门用晚餐时，师傅已经努力工作好几个小时了。当客人点菜时，师傅才在最后一刻切下握寿司用的鱼片。如此一来，鱼肉只会短暂暴露在使其品质降低的氧气下。

卓南拿了一块寿司料大小的鲑鱼块，放在砧板上，熟练地切下一小块长方形。他手悬在小鱼片上方，先量一边，再量另一边。就像他说的一样，这个切片是两指宽、四指长。“切的时候，每一刀都要一气呵成，不可来回切。”他把刀片底部贴着鲑鱼块，刀尖朝上。把刀柄拉回往上，让刀片沿着平顺的弧形往下切穿鱼，“不要用力推，让刀子自己来。”

他切下更多鱼片，把它们放在砧板上缘，整齐地排成一排，部分重叠。卓南还说道：“切好后，把鱼片的展示面朝下。”一般来说，鱼片比较好看的那面就是展示面，“当你拿起鱼片时，展示面就会在你的掌中，不会跟饭接触。好了，现在你们每人拿一片鱼试试看。”

学生选择不同种类的鱼，在自己的砧板前弯下身，拉开刀片切下寿司料。由于鱼的种类不同，寿司料块很少刚好是正确的尺寸。师傅必须用刀子切下边角肉，切出正确的长宽和厚度。不久每块砧板上缘都排着一列握寿司尺寸的鱼片。

凯特试着模仿卓南的切法，但她被柳叶刀吓到了，刀跟手无法配合。她的切片形状不一，而且每片都太厚了。

接下来要捏握寿司，她试着回想卓南教过的程序。不同流派的寿司师傅捏握寿司有不同的技巧。加州寿司学院的学生学的是基本的九步骤程序。

假设是习惯用右手的寿司师傅，步骤一，他会把右手伸进饭桶，抓一小团饭出来，约莫是酒瓶塞子的大小。用左手拇指和食指拿起一片鱼，鱼片悬在凹状手掌中，手向外旋转，鱼片就会平躺在手掌上。展示面就贴着手指，底面朝上露出。他把左手掌弯成U字形，鱼片放在底端凹槽，然后右手轻轻把那团饭压在U槽的鱼片上。

步骤二很简单。左手紧弓，用右手拇指和食指挤压饭的上下层，使饭从椭圆形压成三角形，往上朝着他的脸，立在鱼片上。

步骤三似乎让人很惊讶。师傅右手食指平举，把三角形的顶点压平推回，变成贴着鱼片的椭圆形，这一步骤的目的是迫使饭粒连成一线。

寿司师傅要饭粒沿着完成的矩形饭团的长边排列整齐。这样饭就会彼此附着，不需额外多压几次。师傅的目标是寿司的紧实度要恰到好处，既要紧到客人拿过去时还能维持完整的一块，又要能松到入口即化。当一块完美的握寿司在舌头上散开来，饭粒随即和鱼肉混合，产生美妙的滋味与口感。有些用餐客人充满感激之情，因为师傅如此完美地做出标准寿司，他们几乎不用咀嚼。

研究员曾用磁共振造影扫描寿司大师做的握寿司，显示寿司大师做的握寿司很容易在舌头上散开，是因为它留空的空间比新手做的握寿司多。而寿司机器人做的寿司，是紧密压缩的产品，里面几乎没有任何空间。

步骤四，寿司师傅打开左手的 U 形掌，把椭圆柱状的饭团和附在上面的鱼片，从手掌滚到手指根部。握寿司现在已经转为正面，鱼在上方。

步骤五，用左手拇指轻压握寿司顶部，把鱼压向饭，同时用右手拇指和食指把饭柱的长边压平，使它变得比较像矩形。

步骤六，师傅再度把左手掌弓成 U 形，右手食指和中指则平平伸直，沿着鱼的长边压一压，把握寿司压回 U 形凹槽。这个步骤把鱼和饭之间的空气都挤出来了。师傅手指的温度也稍微温暖了鱼。几分钟前鱼还处于冷冻状态，到了上菜时，应该接近饭的温度，也就是人体体温。同时，师傅用左手拇指压下握寿司上端，能把矩形的末端调整一致。

步骤七，师傅再度打开左手，用右手把握寿司转了一百八十度。

步骤八，重复步骤六的动作，再进一步把握寿司调整成矩形，把其余的末端调整好。

步骤九是重复步骤五，在寿司上做点最后的修饰。握寿司就完成了。

由于比较坚实的鱼要切薄一点，比较软的鱼要切厚一点，所以寿司大师会调整握寿司的高度来配合。完成时，尽管鱼的厚度不同，不同类型的握寿司高度仍应一致。

不同流派的寿司师傅创造不同形状的握寿司。严格说来，最普遍的形状不是矩形。握寿司的顶端像圆屋顶那样稍微拱起，鱼片垂挂在上面，寿司师傅称此为梳形，因为这个形状很像传统日本发梳。其他形状还有箱形、扇形、船形、米俵（以稻草或麦草编成的圆筒状装米容器）形。

凯特捏出的饭团，说好听一点，叫做球形，而且每个大小不一。她切的鱼当中，有一片太窄了，所以她只能把它放在饭团的对角线上。有些学生的握寿司看起来几乎称得上完美。卓南再次看了凯特的寿司一眼，什么话都没说。

凯特知道这周做的寿司都很糟。凯特和绮罗罗不同，她不是由寿司大师抚养长大的。她只有一点绮罗罗的勇气，却完全没有她的技能。凯特在与寿司间的战斗中输了。她不理会鱼块，不要再切鱼。她翻找冰箱，找到几尾餐厅厨师准备好的虾，做好剩下的握寿司。

下课后，马可斯把他的握寿司带进厨房。他剥下握寿司上的鱼片，在炉子上用煎锅翻炒，这是寿司等级的优质鱼，从日本新鲜飞抵本地。加热的鱼嘶嘶作响，变成棕色、多脂。

“吃生肉我觉得有点恶心了。”他低声抱怨。

第十三章

一口接一口

隔天早上，卓南点名前先走出教室，在塑胶随身马克杯中装满咖啡。回来时，他看到有个学生正在砧板旁用浮石磨刀，想磨掉一些锈斑，看到这他差点就把杯子打翻了。

“绝对、绝对、绝对不要这么做！”他大叫。

那个女士跳了起来，差点切到自己。

卓南狂吼：“绝对不要在砧板上这么做，这样会让食物沾上锈！”

他摇摇头，大步走到桌前，轻啜了一口咖啡，宣布道：“今天你们要为蔬菜送货员做卷寿司。要做得很专业，你们是在为客人做寿司。”他在白板上草草写下卷寿司和握寿司的清单，说：“白板上是你们的点菜单。”

卓南眯起眼睛往桌子下瞄去，拓美已经要开始做了。

“停！停！先不要做寿司！”卓南大叫，他指着白板上的项目清单说：“你们要用什么顺序来排这些菜色？”

学生们盯着白板看。卓南写在白板上的寿司清单，首先是日式的寿司细卷：两条小黄瓜细卷；接下来是美式里卷：一条加州卷、一条辣鲔鱼卷寿司；还有另一种卷寿司：“太卷”——这种卷寿司较大，不是用半片海苔，而是用一整片。

他重复同样的问题：“用什么顺序？”

学生们盯着他看，一脸茫然。

卓南指向加州卷和辣鲔鱼卷寿司，然后笑着说：“我来告诉你们，你们要先做里卷。这样客人就无法分辨海苔是不是受潮了。”

酥脆的海苔是美味卷寿司的指标，至少在日本是如此。传统卷寿司是将饭和小黄瓜或鲔鱼的细条状寿司料，用海苔包起来，应该在海苔干燥、酥脆时马上食用。如果客人在餐厅用餐，点传统卷寿司就没有意义，侍者送上卷寿司时，外层的海苔已经因接触米饭而变得潮湿。传统寿司细卷应该在寿司吧上吃，在师傅离手的那几秒间马上吃掉。但若是里卷，海苔包在里面，原本就会马上潮湿。

卓南在清单的辣鲔鱼卷寿司和加州卷旁，写上第一。接着他指向太卷。

卓南在太卷旁写下第二，他说："你们要做的第二项是太卷，不需做得特别酥脆。"太卷的直径将近标准里卷的两倍，所以必须把寿司料切薄，让客人可以一口一片。寿司料是最重要的，因此海苔的酥脆度就没那么重要了。

"现在是寿司细卷，这要做得最酥脆，所以要最后才做。"卓南在小黄瓜细卷旁写下第三，握寿司旁写下第四。握寿司做起来很快，最后才做能确保上层鱼料尽量保持新鲜。

他补充说明："你们还必须选择盘子来摆饰寿司，记住，日式装盘不能超过盘子的70%。"他瞄了一眼时钟，说："开始！你们有二十分钟的时间。"

凯特盯着砧板上的鱼块，二十分钟！真疯狂。

"假如你们顺序弄错了，"卓南说："那就准备洗盘子吧！"

才刚开始，凯特就搞砸了。她惊慌失措，最先先切鱼块，只因为鱼就放在她正前方。这一着棋真糟，因为她在做其他寿司时，鱼片就暴露在空气中。

展开一场竞赛的卓南，看起来势在必赢的样子。凯特瞄了他一眼，不得不张大嘴巴。他同时做三个卷寿司，他的手在砧板上快速飞舞，把食材放在不同的海苔饭层上，仿佛在发纸牌。不到五分钟，清单上五个卷都完成了。之后他开始额外做几个卷。实在不太清楚，一个蔬菜送货员要怎么吃掉 50 个卷寿司和 40 个握寿司。

整个寿司史就是速度的探求。一千多年以前，人们做寿司时，必须等上一年才能吃；17 世纪时，他们把发酵的时间缩短到一个月；发明醋之后，他们用石头压寿司几天即可；19 世纪发明了握寿司，可以马上吃。寿司已经进化成让人立即满足的饮食。

但美国的寿司师傅已将寿司的速度带到新境界。2 000 年，一位叫做玉村丰雄的评论家采访洛杉矶的寿司餐厅，哈玛荷摩沙也是其一，当时还叫加州海滩寿司。他很讶异美国的寿司餐厅这么大、桌子这么多，和他熟悉的日本小寿司吧截然不同。

当他坐下用餐，看到客人点同一种鱼的握寿司，一次就点多达六个，他也很惊讶。对美国人而言，只点菜单中最喜欢的，合情合理至极，他们去其他餐厅也都这样。但是在日本，玉村很习惯要求师傅为他们做一系列的小惊喜，一次上一两贯握寿司，每贯上都是不同的寿司料。

但让玉村最感惊讶的是美国人点的卷寿司分量。卷寿司远比握寿司密集。师傅仿佛遭到围攻般，客人一直点卷寿司，师傅的手始终没停过。玉村写道：“甚至还有人一次点三四卷。”他判定日本的寿司师傅比较轻松。

卓南的砧板现在排满了卷寿司。学生也陆续完成了他们的寿司盘。班上一位女学生在四个握寿司周围，把她的卷寿司切片排成不对称的阳光放射状。这就是卓南寻求的那种摆盘，他点头表示赞可。但他随即怒视全场，宣布其他作品完全惨不忍睹。他把盘中多数寿司重新排列。

凯特在整个练习过程中都很费力，她的握寿司看起来很糟，卷寿司切片还是会裂开。卓南来到凯特的工作台。唯独这次，他没有忽视她，也没有当着全班批评她。

“来，我给你看个东西。”卓南放低音量。他的手“咻”地翻转一下，就组合好里卷的底层了。他在海苔上叠起一堆高得不可思议的小黄瓜和酪梨，“看这里。”卓南把手弓起来，抬起海苔饭层的边缘。他的拇指和手指把整个饭层聚合往上抬，拉向内馅盖住，像一对勤奋的蜘蛛。“要把近的那端向上卷起，盖过去，往下压，紧紧塞进去。”他用指尖把饭层卷起的那端往下压进内馅凹处，然后保持这样的姿势，看着凯特。他压紧寿司说：“你必须真的把它塞进去，要塞紧，像这样。”凯特看着，脑子有点开窍了，点点头。

卓南让学生把寿司打包带回家。他转身准备离开时说道：“谢谢大家，今天真是不错，我想我们都有学到东西。”

第十四章

教会美国人品鲜鱼

隔天，卓南教学生另一种寿司师傅用在主厨推荐的烹调技术——用高汤炖煮。快下课时，俊现身检阅学生的成果。结果他吓了一跳，学生用开胃菜小碗装，却装到快漫出来，这真是太美式了。

“分量要少！”俊强调。寿司师傅端出寿司吧上的任何东西分量必须很少，他解释，有很多道小菜，每一道都摆饰得很美。“你要用眼品尝。”俊说。凯特很喜欢那样。俊示范给学生看如何把这些小菜摆成雅致的角锥形。他轻声笑道：“就像个小富士山！”

近中午时，学生清理课堂，教务主任杰悄悄穿越教室，手上拎着中国点心外带盒。他在附近商场找到一家很棒的小店，最近吃太多生鱼和饭了，他很期待吃到一顿热腾腾的猪肉烧卖。

他把点心带到私人包厢（哈玛荷摩沙只供应晚餐，所以白天包厢闲置不用），他在桌上把这五六个香味四溢的盒子摆好。

今天杰邀请一位叫杰夫的人共进午餐。杰夫和杰一样是日裔美国人，也是寿司业的餐厅顾问。杰大约在五年前开始认真钻研寿司，但杰夫已经分析美国的日本饮食风潮数十年了。

两人对于烧卖惊叹不已，他们随即开始聊起早期的美国寿司，当时寿司首度在洛杉矶流行。杰夫边笑边说：“最令人头痛的是，餐厅老板都认为‘寿司师傅比一般师父还糟！’日本师父很顽固，他们认为美国人太笨了，无法了解寿司。”

杰夫在洛杉矶长大，他在学校大部分的朋友都是白人。但在家中，他生活在部分日式的世界，爸爸是成年后才从日本来到美国；妈妈在美国长大，但很多方面都属于传统日本妇女。杰夫的童年涉足于两种文化之间。

寿司首度在美国生根发展的阶段，杰夫正值青壮年时期，他常到寿司餐厅用餐。那真是段令人兴奋的时光。日本师傅冲破传统的束缚，有所创新，调整菜色以配合美国人的口味和用餐习惯。松下信是罗伯特·德尼罗很支持的师傅，像他这样有企图心的师傅，配合西方人的口味，发明了新的混合菜色。但杰夫也看到日本师傅为了美国人把寿司简化，没有努力教育他们的客人，这点让他很沮丧。

但俊是个例外。杰夫还记得，他拜访哈玛威尼斯时，认为俊的方式很出色。俊并不试图坚持传统，甚至也不打算向客人说明什么。他表现得像个疯狂的美国人。但是他储存高品质的鱼和地道的日本食材，用个人魅力引导客人挑战尝试真正的寿司。

杰夫聊起20世纪80年代一场日本食品产业的会议，他曾对日本师傅说："假如你们教育美国人，他们会很愿意学，虽然这会花一点时间。但假如你们教育他们，他们就会了解什么是好鱼，但你们没有。"

当时，杰夫常坐在洛杉矶的寿司吧前，有时真正的日本客人（从日本来的）也在那。日本师傅会呈给日本客人地道、日本风格的寿司。美国人则从美式卷寿司抬起头来，看看日本客人吃什么。他们会说："哇，我想吃那个！"日本师傅会拒绝："不，你不会想吃的，你也不能吃。"杰夫双手一摊，无奈地看着杰说："他们就是那样说！"

只提供充满蛋黄沙拉酱和辣椒的里卷给美国人，比较容易，而且这样也能保证师傅一定能赚钱。他们盖了大餐厅，有很多桌子，有菜单，上面列着美式卷寿司清单，这和卷寿司工厂没什么区别。随着愈来愈多的寿司师傅投入这股浪潮，彼此竞争，迎合美国人的口味，其他国家的人也加入战局，像韩国人、中国人、拉丁美洲人等，餐厅彼此削价竞争。

杰夫说：“你看到现在他们都还一成不变，吃到饱餐厅开始涌进，现在客人都这样想：‘我不打算去常去的寿司店，因为对街的只要半价而已。’而日本寿司师傅也这么说：‘好吧，我们也这么做吧。’于是开始加入五折特惠的战局，简直是搬起石头砸自己的脚，他们并没有教育客人纯正寿司的精粹。”

杰夫摇摇头：“他们贪求的是钱财，这才是最让人遗憾的地方。现在你们正在危害日本文化，出卖文化，知道吗？你们把曾是历史的东西变成商品。”

身为日裔美国人，杰夫和杰想知道在美国如何最妥善地传承日本文化。杰的父亲是位建筑师，他设计了加州卷的诞生地东京会馆。东京会馆以前曾是展现传统日式建筑的场地，这栋建筑物已经被拆除了，现在做停车场。

想到少数还在做地道日本寿司的日本师傅，有些人住在洛杉矶，有不少人住在纽约，杰夫说：“纯粹主义者仍有所坚持，但只有高水准的美国客人才了解那一点，而他们本来就已经了解日本文化了。”

结果，许多纯粹的师傅把价格抬得太高，一般美国人根本不可能踏进餐厅尝试，在纽约尤其如此。在曼哈顿，如果你拿不出 350 美元，师傅高山政义根本不考虑为你做午餐或晚餐。多亏了他，美国最贵的餐厅竟然是个寿司吧，很惊人吧！

对杰夫而言，政义和他的高价格与装满蛋黄沙拉酱和辣椒的里卷一样，都是对日本寿司的侮辱。在日本，品尝寿司的经验在于，认识住家附近寿司吧的师傅，不时上门用餐，请他从当天最新鲜的食材中，为你选择你会喜欢的食材。

杰点点头表示同意。大家总是问他内幕消息，要到哪吃最好的寿司。他总会耸耸肩，告诉他们去住家附近的店，找他们喜欢的寿司师傅。

杰夫微笑着说道：“我父亲介绍我吃寿司时，他带我去的寿司吧是在一家保龄球馆。”

“假日保龄球馆。”杰点头称是。

“没错！”杰夫说，“就是假日保龄球馆。我记得，小时候他把我抱上凳子，我们会围坐着吃寿司。那些日本师傅非常传统，他们认识我爸，知道他喜欢把啤酒装在小玻璃杯里。我爸甚至从来都不需要点菜，他只需坐下来，他们就会为他做寿司。你知道吗？他们会主动为他做主厨推荐。”

杰夫希望多数吃寿司的美国人都能有类似的经验。

俊已经做了他能做的，但是时代变了，随着各地低价寿司的竞争，甚至连俊都再也无法力挽狂澜了。

第十五章
寿司吧台秀

星期四晚上，哈玛荷摩沙的后寿司吧和前寿司吧一起为客人开放了。卓南和菲摆设好准备开始营业。拓美帮忙准备，他会在场以防生意太忙。

领班在后房放出迪斯科音乐，沿着教室桌子排放凳子、摆设布景，把教室变成额外的用餐空间——同样地，这是为了应对生意太忙。

但是后房两个小时都没有人，卓南也不见人影。

终于在大约七点半时，经理引导一对白人进来，让他们坐在后吧台。菲向他们打招呼，准备要为他们做东西。

“我们要找卓南。”他们说。

菲头一低，退到后面。

几秒钟后卓南穿着白色厨师服出现了。

“嘿！”卓南大声打招呼，笑容满面。“你们好吗？”他坐在这对客人旁的椅子上，和他们闲聊，男客拍拍卓南的肩膀。

卓南告退，进入厨房，马上逐一在冰箱间疯狂翻找，抓取特别的食材、配菜、调味料，他的主厨推荐“军火库”就靠这些来支撑。每位常做主厨推荐的寿司师傅都有秘密武器，现在卓南就在后寿司吧的后方装备自己。

这对客人过去一年半来，几乎每周四都到哈玛荷摩沙享用卓南的主厨推荐，卓南很尊敬他们。但是每周快到周四时，卓南就会很焦虑。点主厨推荐的客人总是期待寿司师傅带给他们惊喜。那表示卓南在每周八到十道小碟菜色中，都必须想出新点子。

学院的教务主任杰闲晃进用餐室，当天稍早他才跟杰夫一起吃午餐闲聊，感到神清气爽。看到卓南准备要上主厨推荐，杰走到吧台角落不显眼的位置，坐下来观赏。

卓南随即送上他的开场秀——装在小碗中的小块蛋豆腐，那让他有几分钟时间让那对客人聊天，而他则利用这机会探测他们目前的喜好。卓南的策略是以他们喜欢的方式拓展他们接受的范围。他从保鲜容器中舀出某种东西，男客盯着那东西瞧。

“喔，天哪，绿色玩意儿。”男客说。

卓南微笑，男客皱眉问道：“那是什么？”

卓南仍保持微笑：“假如我现在告诉你，你就不会想吃了！”

杰啜了一口苏打汽水，兴味盎然。鼓励美国人享受寿司经验有个困难，就是要他们放弃主控权。在美国，如果你坚持以某种方式处理食物，大家会认为你很讲究饮食。要真正体验寿司，必须由师傅决定什么最适合你，这对美国人而言很难。洛杉矶最不妥协的寿司师傅野泽和宪（较广为人知的称号是“名厨寿司”），就在寿司吧挂了一个斗大的标牌：“今日特餐：相信我。”

杰看了拓美一眼，拓美此时坐在寿司吧后看卓南工作。至此杰已很清楚拓美有厨艺天分。从他做的食物来判断，他富有创造力，尊重日本传统，却不受其限制。他能跳脱框架，创新思考，而不需把食物简化。但是拓美太腼腆、沉默寡言，很难想象他变成那种善于交际的寿司师傅，就像卓南今晚这样。

卓南工作时很喜欢在客人面前表现。他运用个人魅力让餐点生色，说服客人尝试新东西。厨艺很重要，但寿司师傅需要的不只是厨艺，他还必须是个表演者。拓美注意到杰的目光，走过来打招呼。他们隔着吧台闲聊，拓美用很破的英语慢慢说。拓美指着杰前面的空位问：“你不想吃吗？”杰轻轻笑了起来，“我最近吃太多寿司了。”

他叹了一口气，“我一直在想你做的美味波隆那肉酱。”拓美扬起眉毛，上周他为员工煮了意大利面，从此杰就对此赞扬不已。现在杰在吧台座椅周围画出想象的篱笆，把这个空间和餐厅其他部分隔离。“这里是意大利部门！”他大笑，拓美走向厨房时也笑了。卓南递了两个长盘给客人，分别装着三个表面有压纹的碗，碗中都有排成小角锥形的神秘食物。

卓南得意地对客人说明内容：用米醋和芝麻浸渍乌贼，用同样的方法浸渍海带芽后洒上芝麻，用味醂浸渍扇贝丝和细面线。那个“绿色玩意儿”就是海带芽，客人们很开心。男客说：“嘿，我们为师傅喝几轮酒吧！”领班拿出她能找到的最大罐啤酒，加在他们的账单上。

“感谢您！”卓南微笑鞠躬。客人都知道他不喝酒，但为师傅买啤酒仍很得体。卓南大声说：“我去拿些健怡可乐，马上回来！”拓美已不在那，所以领班唯一能斟酒的对象只有菲。卓南带着健怡可乐回来，他们隔着鱼柜举杯相碰，大喊干杯，卓南马上回去工作。菲假装啜饮啤酒，待会儿她会把酒倒进水槽。

拓美从厨房溜回吧台。他偷偷移到杰那边，越过鱼柜，在他面前放了一个玻璃高杯。里面有六颗橄榄用叉子串着。拓美像间谍一样四处张望了一下，然后很快地弯腰鞠躬。“第一道。”说完他又消失在厨房中了。

拓美的全名是西尾拓美，这个名字对美国人毫无意义。拓美很喜欢那样，这和在日本时不同，他可以在哈玛荷摩沙的教室慢慢干活，或者回到厨房，除了日本师傅外，没有人知道他是谁。有位寿司师傅带他去托伦斯一家有陪酒小姐的日本酒店，当时情况有点尴尬，那晚酒店里有人认出了他。他优雅有礼地回应。

学院里的同学没有人知道拓美以前是摇滚明星。在 20 世紀 80

年代末期和 90 年代初期，日本泡沫经济沸沸扬扬的年代，拓美是日本男孩团体茶茶队的成员，他们发行了五张专辑和十张单曲。这个团体在舞台上以自编舞步和幽默谈笑著名。拓美曾在日本巡回演出，他在舞台上为歌迷载歌载舞、说唱逗趣。

拓美在事业高峰时与西村知美（较为人知的是艺名阿美）结婚，知美是泡沫年代日本最有名的女子流行偶像之一。与许多日本流行明星一样，拓美和太太逐渐淡出歌唱事业，变成很受欢迎的电视名人。他们常常出现在益智节目和谈话性节目，2000 年他们被封为日本的年度模范夫妻。拓美对名声已显厌烦，他发现自己真正的热情在于烹饪，他退出演艺事业，进入厨房；他太太继续从事电视工作。

一开始拓美全心投入意大利料理。在熟练制作手工面条后，他从 0.5% 到 2% 的盐和水比率，测试煮面的水，最后确定为 1.34%。他和一位朋友在东京流行的涩谷区一起开了一家小意大利餐厅，这位朋友是知名民歌手。拓美自己担任主厨，远离舞台，置身厨房，没人看得到他，人们所评断的，只是拓美食物的品质。

但结果却出乎拓美的意料之外，大家到餐厅吃他的手工意大利面，但真正目的只是要拍他的照片。餐厅评论家取笑他——大家怎么会认真看待日本流行明星成为意大利厨师呢？ 2004 年秋天，餐厅关门了。这个经验让拓美觉得日本人心胸狭隘。他看到西方人是如何欢迎寿司，拥抱日本食物，同时还改变日本食物的。他很喜欢那样。他认为多数日本人并不感激全世界来接触他们的传统。假如在国内同胞不打算认真看待他，那么他就走出去，探索更广阔的世界。拓美现在 38 岁了，他孤独而快乐地在哈玛荷摩沙的厨房轻松工作，用橄榄油为杰嫩煎大蒜片。

在寿司吧，卓南正在继续表演。他准备了一份酸橘汁腌章鱼（这是南美风味的生海鲜），用很夸张、炫耀的方式越过鱼柜递给客人，使他们非常开心。接着卓南递给他们称为“草药肥鲔鱼”的东西，让他们惊赞连连。

杰窃笑，寿司师傅即使在最佳状态，也不屑提供搁置很久的鱼。草药肥鲔鱼是在冷冻库放太久的肥鲔鱼，颜色已从粉红色变成灰色，不能生食。用洋葱和草药浸渍，在煎锅里拌一拌，洒上一点味噌酱，就能掩饰它的老化。卓南上菜时还额外添加一剂魅力配方，很受客人喜爱。

拓美又溜过来，放了个小碗在杰面前的寿司吧上，这是主厨推荐的风格。碗中的东西排成精致的角锥形，就像当天早上俊所指导的小富士山。但这不是日本食物，碗中是五个意式菇饺，上面洒上炸蒜片，还滴了几滴橄榄油。杰伸手往鼻端挥挥香气。

卓南正在以武士的气魄切鱼。他的手沿着一个黑漆宽盘飞舞，盘上镶嵌着红、金两色，生鱼片一一落盘。有些鱼片变成阶梯，有些形成扇子，还有些变成花瓣。

卓南越过吧台递出生鱼片。“哇！”这对客人惊叹不已。

拓美第三度从厨房冒出来，在寿司吧台面下捧着某种东西。

“主菜。”拓美低声说。又是座小富士山，杰往下看，深深吸了一口气闻香。拓美用新鲜的迷迭香和更多炸蒜片嫩煎牛肉丁。杰塞了一小口到嘴里，闭上眼睛叹息。拓美微笑，又溜回厨房。

那对客人最后离开时，已经超过十点了。卓南马上开始疯狂清理，他把食材和调味料存放起来，把几盘寿司料放回冷冻库，用力擦洗长桌桌面。他还得准备隔天的课程。一点后卓南才上床睡觉，他的闹钟会在早上四点半响起——去鱼市场进行每周例行采购。

第十六章
采买海鲜

还不到五点，传真机就吐出从鱼市场传来的当天价格清单。卓南一把抓过那张纸，大略扫视了几行资料：西班牙、克罗地亚、澳洲的蓝鳍鲔；夏威夷和斐济的大眼鲷；佛罗里达州和越南的黄鳍鲔鱼；还有其他将近一百项。

卓南拎起两袋垃圾走出后门，在走向老货车途中把垃圾丢进垃圾车。他启动引擎的声音，打破了暗夜小巷的宁静。不久他就驾车行驶在一条杳无人烟的大马路。二十分钟后天色逐渐明亮。卓南的手移开方向盘，用手机打了一通电话。

“早安！”他对着电话大喊。

他在一栋公寓大厦前停下来，等待哈玛荷摩沙的主厨津本哲哉。哲缓缓走出来，动作像只昏昏欲睡的熊。他身材矮胖，双眼浮肿，脸颊下垂。虽然早上已经很温暖了，他还是穿着外套。哲十三年前来美国学语言，在俊的餐厅打工。俊把他培养成第一流的寿司师傅。

卓南启动汽车，开往圣塔莫尼卡公路。哲的下巴已经掉到胸口，他睡着了。太阳从山头那端升起，揭开 7 月炎炎夏日的序幕。

他们离开公路进入脏乱的市中心时装区，头顶的玻璃大楼隐约可见。他们沿着游民巷南边的一条大马路开了几条街，阳光斜洒过建筑物间的缝隙。卓南转进挤满汽车和卡车的仓库区。他停好车，从车上跳出来。哲摇摇晃晃滑出乘客座，慢慢跟上。

一阵冷空气从冷冻卡车开启的后门流泄而出，他们穿越其间，经由卸货门进入仓库时，感觉到这个巨大冷冻空间的冰冷。海洋的味道扑面而来。他们的鞋子踩在水泥地薄薄的冰水上，发出嘎吱声。在高天花板的下方，长桌被塑胶箱和装满冰的泡沫塑料盒覆盖。卓南向哲点头示意后，两人就分道扬镳。

西班牙文和日文的喊叫声充斥整个室内。到处都有人在忙着——多数是留着小胡子、看起来很能吃苦耐劳的西班牙人。他们穿工作靴、厚夹克、工作裤，头戴安全帽。有个男子身穿隔热的冬季工作服，头戴毛帽，驾驶叉架起货机绕行室内，仿佛在开跑车般，带着置于木头栈板上的结霜箱子进进出出。

卓南审视着那些箱子。里面有加州海域的沙丁鱼、乌贼、梭鱼，还有来自东岸的肉鲫鱼、方头鱼，以及缅因州的活龙虾；有来自澳洲、纽西兰的琥珀鱼、石斑鱼、瓜仔鱼；来自日本的太平洋针鱼、蓝鲷、红鲽鱼、白带鱼、鸡仔鱼，还有许多甚至连英文名字都没有的鱼种。还有胡瓜鱼、蛇鳕、多佛比目鱼、鲈鱼、帝王蟹、海螺、淡菜、海胆。当然，还有鲑鱼、鲥鱼、鲔鱼——大鲔鱼切块，分级定价。在马尔他围栏养肥的黑鲔鱼腹肉每千克价格为 140 美元。

这是洛杉矶最古老的日本鱼市场——国际海产公司，由建造东京会馆的同一家公司于 1968 年设立。陈列室大约像篮球场大小。后方有个很宽的出入口，挂着一道厚重的透明塑胶细条帘幕，帘幕后是个凹形的冷冻储藏室。

与日本主要的鱼市比起来，这个地方很小。卓南去年和俊去了一趟日本，参访著名的东京筑地市场，这是日本最重要的海产交流中心。他穿越筑地迷宫般的曲折路径，心中充满了敬畏。筑地无疑是世界上最大的鱼市，有 40 个足球场大的潮湿水泥地，相当于 30 个纽约最大的富尔顿鱼市场的大本营，超过 1 600 个海产卖家。

筑地拥挤吵杂，覆盖在黑暗的低矮天花板下，头顶挂着裸露灯泡照明，摊子挤成一堆。每天早上五点到九点间，狭窄的通道到处是寻找新鲜渔获的寿司师傅和零售鱼贩，汗流浃背的工人拉着满载海鲜的破旧推车，还有人疾驶装满鱼货的小型单座车。据估计，每天大约有五万多人在筑地做生意。一天内通过这个市场的海鲜，足以提供500万份以上的餐点。

卓南在筑地待了三天。他发现在筑地似乎可以买到所有海洋生物，连鲸鱼也不例外，而且来自世界各地。日本很久前就已消耗掉许多本地的供给，转而寻求他处货源，以满足自身巨大的海鲜需求。卓南观看工人拖着两百多千克重的鲔鱼越过拍卖席。他还看过人操作工业用桌上型圆锯机分解很大的冷冻鱼。

卓南将一只来自日本的熟章鱼和其他几项海产扔进采购篮，避开装满栈板的推车，大步走向一堆佳骨肌浴缸大小的桶子。有个工人用抄网在桶里捞捕，把许多大活虾丢进箱子里。卓南弯身在那堆活蹦乱跳的虾中精挑细选，他抓了十二尾虾，把它们放进装着些许冷冻海水的泡沫塑料箱。

卓南拖着采购品，到闹哄哄的结账柜台和哲会合，哲也使劲拖着他选购的东西。柜台工作人员是一群日本人，全身裹在厚大衣里。一堆堆装满鱼和碎冰的泡沫塑料箱与塑胶袋等着要送到城市各地的餐厅。卓南递上一张俊签名的支票。

早上六点半，卓南和哲带着采购品回到货车，驶离停车场经过一个站在人行道上的妓女。哲盯着她看。

“她看起来60岁了。”哲说。

卓南猛然大笑：“我还得再来一杯咖啡。”

他们往东朝铁轨疾驶，在脱衣舞俱乐部左转，停在另一个仓库区。这家新公司叫海洋鲜味，是国际海产公司的竞争对手。

卓南和哲推开透明塑胶细条帘幕，走进另一个冰冷的产品陈列室。哲从口袋拿出一张发皱的采购清单，在海参、鲍鱼和虾蛄的箱子前，弯身检视滑溜溜的章鱼脚。他站直身子，举起章鱼脚，让它自然悬荡，长度约 90 厘米。他仔细瞧瞧章鱼的吸嘴，然后把它放回桶里。

卓南注视着货板上一排排的鱼。他略过巨大的比目鱼和红鲈，在精选鲣鱼旁蹲了下来。鲣鱼们看起来像一排重炮弹，等着发射，一个个睁着大眼睛盯着天花板。卓南挑起眼睛最清澈的那只，长度跟他的手臂差不多。

除了鲣鱼，卓南和哲还采买了乌贼、巨蚌、银鱼、星鳗、小沙丁鱼干、海苔及日本姜的嫩芽。哲找到一些肥厚的黑鲔鱼腹肉，这是从克罗地亚的养鱼场运来的。这东西不便宜，而他买了将近 3 千克，要价 230 美元。

两人大步跨过潮湿的陈列室地板去结账。经过一组双扇门时，卓南看到小窗户透出银、橘、红色的光线。室内传来争吵声，还爆出不满的嘘声。

有个工人推开门，撑着开启的门，门口冒出冷烟，货运车载来了一尾巨大的鲔鱼。里面的房间看起来像停尸间：冷冰冰的不锈钢墙、不锈钢长桌、凹型钢槽，还有从钢管垂下的弹性钢冲水软管。穿着黄色及地橡胶服的西班牙人弯身在成堆 90 厘米长的鲑鱼前，用力挥击鱼鳞刷，发出机关枪发射般的声音，鱼鳞四处飞溅。

他们再用高压喷水柱把鱼身冲刷干净，然后把鱼抬上钢桌，另一个人越过金属台面把一条鱼抓过来，挥舞着武士刀般的长刀，很精准地往闪亮的鱼身切下数刀。几秒后他从两侧剥下一大片没有脂肪的橘色鱼肉。他把残骸塞进桶中，然后抓取下一条鱼。

房内远端角落站着一个比较高的西班牙人，年纪看起来比他的同事大，他穿着及地橡胶围裙，他手上的鱼一条市价相当于 20 或 30 条鲑鱼，所以动作比较缓慢、仔细。他面前躺着一条约 68 千克的鲔鱼。这条鱼的尾巴已经被锯掉了，鳃和内脏也都被挖掉，只剩下血淋淋的躯干。

那个男子用流畅的手法，将刀片穿过鱼身拔出，在布上抹净刀片，然后一大块肉从鱼身“砰” 地一声滑到钢桌上。

卓南驶离停车场时是上午七点。早上已经很热了。他把车窗打开，让新鲜空气流通，向脱衣舞俱乐部招牌比了个手势。

“哲，你在那有个账户，对吧？”

哲勉强笑了一下，他此时心里挂念的只有肥腹肉。

“鲔鱼肚的价格在上扬。”哲说。

卓南点点头：“有人赚了不少钱。”

几分钟后卓南塞在高速公路上。货车车速放慢，缓缓移动。阳光从货车后窗流泄进来，把后座变成烤箱——箱内装满了价值数百美元的冰冻海鲜。

第十七章

料理青花鱼

卓南回到荷摩沙海滩时只剩下几分钟。他检查那几箱海鲜，里面还很凉。把采购品放进冷藏室后，卓南赶到教室课桌前。

“今天我们要烤青花鱼！”他宣布。

卓南再度要学生大声念课文，内容是烧烤的章节。日式烧烤是寿司师傅的主厨推荐必备的另一项烹饪技巧。寿司师傅必须承认，有时鱼煮过后尝起来比较美味。

卓南拿出一个塑胶桶，打开盖子，里面装着30厘米长的闪亮青花鱼，看起来像巨大的沙丁鱼。每条鱼都有个形状似子弹的头和厚实的身体，还有个像箭头般往一对鳍缩减的尾巴。鱼背上波浪状的黑色条纹像海面波浪，腹部是银色。直到现在，学生才在脱离实体的长方形物体中，遇到真正完整的鱼。

凯特瞪着这些鱼，突然觉得自己好像又回到开学那天，低头盯着刀盒看的模样。她没想到，做寿司竟然也会接触到完整的鱼。

“趴”地一声，卓南放了一条青花鱼在砧板上，在鱼头正后方两侧很快切了几刀。凯特的脸皱成一团。

“不要把整个头切掉。”卓南说：他等一下会解释理由。

接着，卓南把刀尖对准青花鱼的肛门。

卓南说：“这是排泄孔，要从这里到脖子一刀切过去。”他沿着银腹切开，红色黏稠物从边缘冒出。

“然后取出内脏。”卓南把手塞进鱼身，手指在内脏腔室里清理。他的手拿出来时，手上都是黏液。他接着从鱼眼附近抓紧鱼，把鱼头像螺旋盖般扭下来，把鱼头拉下来，连带从脖子处拉出一堆器官和肠子，悬挂在鱼头上。

卓南平静地说：“看到没，不要把鱼头整个切断，因为要让内脏连着鱼头。”

卓南把头和内脏扔进垃圾桶里。凯特听到它们在垃圾桶底摔出的重响。

卓南把鱼身拿到水槽，用冷水流冲鱼的腹腔，用手指用力搓洗。接下来他拿出一小捆用橡皮筋捆住的串烧竹签，用竹签刮擦鱼腔室内的脊椎。一团紫红色的凝结血块流进排水管。

凯特深吸了一口气。

卓南才刚把那条中央动脉刮除。厨师称此为血腺，如果没有移除它，它让人难以忍受的味道和血的气味会污染整条鱼，毁掉这餐。

卓南最后再把这条青花鱼清洗一遍，往里面塞进纸巾。

卓南说：“这个，就是我们要烤的东西，好了，自己拿条鱼吧。”

凯特让别人先拿，轮到她时，她才勉强从桶里提起一条鱼，举得高高的，离她一臂之遥。她把鱼放在砧板上，估算鱼的尺寸，这鱼看起来很肥硕。她感觉鱼很滑溜，很担心切的时候鱼会到处滑。切卷寿司就已经够令人害怕了，况且寿司还不会动呢。

《绮罗罗的寿司》中，绮罗罗在鱼市借来一把刀，把鱼的内脏清理干净，她的速度和技能使得群众围观。她不能看到血和内脏就作呕或迟疑不前，否则男师傅就不会把她当一回事。

凯特面临了类似的挑战。她用手指轻轻握住柳叶刀柄的最尾端，仿佛拿着小提琴的弓，碰到刀的地方尽可能少一点，她觉得这样比较安全。凯特把刀压向鱼，锯下去。刀身直接穿过鱼，把鱼头切了下来。

她瞪着这条被斩首的鱼。

她在室内四处张望，看到同学都稳稳地进行。她再回头盯着眼前那条被斩首的鱼，画下一刀直抵鱼腹。她倾身到侧面，往里头看：部分器官从裂缝露出来。她用刀尖捅捅那堆内脏，仿佛她的刀是根魔杖，可以让内脏消失。

她把鱼头扔进最近的垃圾桶，然后拎起鱼到垃圾桶上方，将刀子插进鱼腹里转动。器官落进垃圾袋中，发出声响。一会儿后不再有东西掉出来，凯特再也受不了。她把鱼放回砧板，没有清洗，也没有把血腺刮除，卓南没注意到。

“好了，请带着你们的青花鱼！”卓南大喊，带头走向厨房，烧烤的时候到了。但卓南和日本同事不用烤架。比较好的方法是用几根签子把鱼串起来，直接拿在火上烤，或者在炙热的木炭上烤更好。日本师傅也不用烤箱，烘烤不是日本的烹调法。日本现代房屋尽管各式各样的设备都很齐全，但很少会有烤箱，除非完全西化的房子。

卓南把三根钢签刺进青花鱼，形成东方扇的形状，用一手紧握著签子的根部。“在尾巴和鳍要放很多盐，”卓南边说边把盐巴洒在鱼上，“这样才不会烧焦。”他转开厨房里最大的炉子。蓝橘色的火焰在空气中跳跃。卓南把青花鱼举在火焰的上方，当鱼里的油脂燃烧时，黄色火花在鱼四周劈劈啪啪作响。厨房里充满热腾腾的肉香，好闻极了。

当人类开始用棍棒插着兽肉烧烤时，有个好处是安全——热会杀死坏细菌。但还有两个理由，一个与重力有关，一个与人类的鼻子有关。四亿年前，虫进化成鱼，有些在身体里加入油，有些则发展出简单的充气袋，因此可以像游泳者般浮起来。当陆地动物进化时，它们必须形成有牢固的结缔组织、纤维和肌腱的上层构造，以维持肌肉，并抵抗持续拉引的重力。鸟类还必须费更大的劲才能在空中飞。

结果，哺乳类和鸟类的肉远比鱼肉紧实。联结所有肌肉的结缔组织是一种叫做胶原的蛋白质，这个名称是从希腊字的“产生胶”而来，充满胶原蛋白的马腱被煮来制作胶。人类的皮肤随年龄增长而变皱，是因为失去了胶原蛋白；把胶原蛋白打回组织是美容手术的一部分。陆地动物的身体有三分之一或更多的蛋白质是胶原。

煮肉的过程（尤其是小火慢烤）将胶原蛋白转化成动物胶，使肉变得比较软，容易吃。烹煮分解了胶原壁和肌肉膜，也藉此释放出里面的肉汁，带出美味。

此外，烹煮把肉煮成棕色，在肉表面产生化学反应，释放出许多香味。当我们想到味道时，多半是我们感觉到的气味。你可以试着煮最爱吃的餐点，吃的时候全程捏住鼻子，很多感受都消失了。

鱼不需对抗重力，鱼肉由只需精细的胶原蛋白基质即可联结的肌肉薄片组成。它们的肌肉天生坚实，很容易分解。所以，鱼肉很方便生食，且很美味。

烹煮很容易毁掉鱼肉，因为它们的肌肉非常纤细。更重要的是，虽然烹煮能让鱼产生诱人的香味，但就像煮其他肉一样，得牺牲味道才能获得这些气味。理由和鱼的味道一开始从何而来有关。

海洋生物能在富含盐分的环境中存活，是因为它们的细胞里充满自由氧化氨和氨基酸，能抵消海洋渗透压。如果没有它们，细胞里的水就会流出鱼身，稀释海中的盐分，而鱼自身会萎缩。这些自由氨基酸就是海鲜许多味道的来源，包含谷氨酸盐（鲜味的关键味道成分），还有一种尝起来特别甜的氨基酸，叫做氨基乙酸。这些美味的自由氨基酸在盐水鱼中的含量，比牛肉多三到十倍。鱼的滋味中还有另一种重要成分，是与谷氨酸盐对应的单磷酸核酸，日本科学家在熟成的鲣鱼身上大量发现这种美味物质。鱼死后，三磷酸腺这种高能量的大力丸会分解，产生单磷酸核酸。美味的单磷酸核酸跟自由氨基酸一样，在鱼中的蕴涵量比在动物身上多。

然而，鱼完全煮熟时，自由氨基酸和单磷酸核酸会很快与其他分子结合，味道就减弱了。因此，多数鱼生吃比较有意思，或者只要稍微煮煮就好——至少就口感和味道而言是如此。至于香味，没煮过的鱼则彻底失败了。在人脑中，气味可以联结记忆。当人联想到最喜爱的熟食味道时，会有舒服和快乐的感觉，但一盘生鱼无法触发这种感受。或许这也是寿司师傅很注重视觉呈现的理由之一。

然而，青花鱼很适合用来烹煮。青花鱼是鲣鱼和鲔鱼的小型亲属。和鲔鱼一样，青花鱼游得很快，所以它们的肌肉充满三磷酸腺，它还含有较多的谷氨酸盐和氨基乙酸。经高温稍微煮煮，青花鱼的表面变棕色，散发出让人口水直流的香气，而鱼肉里仍保留充分的单磷酸核酸和氨基酸，产生让人齿颊留香的滋味。

“烹调时间大约五分钟。”卓南边说边翻转青花鱼，准备烤另一边。马可斯把三根签子插进鱼，靠在厨房桌旁，等着找机会到炉子上烘烤。他用手在桌缘敲打说：“我要打败你们这些家伙，我以前可是童子军里的最佳棉花糖烤手呢。”

好几个学生站在火炉旁烤鱼。

马可斯还在等，他说：“我回到旅社可以做这个，我打赌这会让那些女孩印象深刻。”

马可斯打从来到荷摩沙海滩，就结识了一些女孩。但当他对她们说他正在学习当寿司师傅时，至今得到的反应都很冷淡。“寿司师傅？你还真随性！”

“你们知道吧，并不是很多男人都会烹饪。”马可斯这样说。

现在他想象自己在租住的旅社厨房里，年轻女子崇拜地围在他身边，等着他的烤鱼。他跳来跳去，拿着鱼串测试不同的姿势。他认定最酷的烤鱼姿势是拿着签子放在背后，就像撞球选手从背后推出杆子一样。在他脑海中，那些女孩都为之疯狂。他把鱼放回桌上，举起双手，掌心朝下，仿佛摇滚巨星试图平息喝彩般。

“一次一个，各位小姐，一次一个。”

凯特没理会他。

“切那条鱼真是恶心。”她正在跟班上其中一位女生说话。另一位女生并未受此干扰，但她给了凯特一个同情的微笑。凯特继续说：“我的意思是，他就这样给我们一条鱼！”

几分钟后，马可斯和凯特往前移到炉子那排。卓南大步跨进厨房，用力嗅了一下空气。

“凯特，你没有把鱼正确清理干净！”

从火光中，青花鱼的血、肠发出臭味，还有细菌。

马可斯还在神游：“要用寿司让女生印象深刻，我想我必须成为自由型的寿司师傅。”他假装把青花鱼往上抛，在半空中切片，还加上音效。他叹了口气，盯着他的鱼瞧：“这看起来真是多汁可口。”他把鱼从火上拉开，举到自己眼前。鱼皮是酥脆的金棕色。马可斯仍然不忘炫耀：“那才是烤棉花糖的技巧，就是这样。”

之后，学生吃掉自己的烤鱼，但凯特一点都不想吃她那条发臭的青花鱼。她虽然没有照规定做好准备工作，不过下课后她在整理工具时，她却觉得特别有成就感。她做到了以前从不敢想象的事情，她把鱼头切下来了。

第十八章
美女做的寿司

那天晚上，几个人三三两两走进哈玛荷摩沙用餐，包括后吧台一些俊的朋友。菲协助俊为他们做主厨推荐。

菲把一条传统日本工人手巾卷成一长条，然后把她那头闪亮的淡黄色头发往后拉，用手巾条绕头一圈绑起来。这在日本寿司师傅身上增添了某些程度的男子气概，在菲身上，则是前所未有的流行表现。她站在寿司吧后方，穿着黑色紧身T恤，绑着日本头巾，显现出全新的权威类型：她是西方人，她是女人，她很美丽，她是个寿司师傅。俊比菲矮一个头，他抬手调整她的头巾，然后往后退，点点头。

不久后两个五十几岁的白人男子走了进来。一位戴着黄色棒球帽。开始他们没有注意到菲，那时菲站在吧台最远端工作。他们大声向俊打招呼。

“俊，你看起来很好！”

“见到你们真好！”不管俊给他们什么，他们都吃。他们笨拙地用筷子用餐，吃到一半时，其中一位问道：“嘿，俊，这是什么酱？”俊瞪着他们，眼睛一眯。最后他压低声音，语带威胁地咕哝着：“秘密……酱。”

然后他的脸放松，眼睛眯成一团，他放声大笑。两位男客也是。但俊并没有回答他们的问题，而是叫菲过来，介绍她。男客人瞪大眼睛看着她，完全忘记酱汁的事情了。他们立刻点了一大瓶顶级清酒，要与师傅分享。每个人都举起酒杯说：“干杯！”男客人一口喝光杯里的清酒，又倒了更多。戴黄色棒球帽的客人靠向菲说：“所以你最后是怎么进入寿司吧后方的？”俊后退靠着吧台后墙，审视餐厅。二十年来，他在威尼斯海滩的旧餐厅每晚都充满赞美声。他一直是个超级巨星，现在他的餐厅空荡荡的，他一直希望今年夏天生意能再度有起色，但至今还没有。

更糟的是，中风的后遗症仍在削弱他的魅力。才上了几道寿司，俊就觉得筋疲力尽了。客人又举起酒杯。“干杯！”然后他们补充了一句：“敬菲！”菲在为他们做握寿司时，戴黄色棒球帽的客人手肘倚在吧台上，对着菲笑。他慢慢咀嚼：“很好！”他的眼神变得呆滞，“这不是俊。那是菲。我尝得出不同。”他们倒更多清酒，给菲更多赞美。俊旁观这一切，低声咕哝：“我干脆退休算了。”菲脸红了。她从吧台退下来，两位客人向俊道歉。

戴黄帽的客人提高音量跟俊说：“嘿，你知道男人跟漂亮女生在一起时，都是这副德行。”但菲并非空徒有其表，她很用心地处理食物，她的寿司很棒，俊轻轻把她推回原位。她在四个握寿司上放了肥瘦均匀相间的红色东西，拿俊的喷枪，用蓝色火焰在每一片表面上烧烤。俊靠着墙，身子降得更低，继续观看。菲将一点乳状芝麻酱和山葵混合，涂在每片握寿司上，然后把这四片放在深褐色陶盘上。她刚要把这盘越过鱼柜递出去时，俊发出嘘声叫她：“菲！”

菲吓了一跳，连忙转身。俊面露愠色，把握寿司从褐色陶盘拿下来，改放在一对亮白色的盘子上。现在棕色的肉在白色背景烘托下跳了出来，看起来如此特别。菲点点头，加上一小撮切碎的绿洋葱，把盘子端出去。戴黄帽的客人细细咀嚼，笑得合不拢嘴：“菲！真是**不可思议**啊！”

菲容许自己露出一个腼腆的微笑：“这是神户风牛肉。”“牛肉？我以为这是鲔鱼！喔，真棒！”菲说：“你们吃的都是我最喜欢的东西。”菲为他们上的最后一道是鲔鱼肚握寿司。

两位男士吃完后，都靠在椅背上。戴黄帽的客人摸摸小腹，说道：“真是不可思议。非常非常**非常**好。”他缓缓点头，“那配得上俊了。”

俊勉强让自己离开架边，说：“我觉得不太舒服，我得回家休息了。”一下子两位客人变得很拘谨。“俊！”戴黄帽的客人再度微笑，并提高音量说，“不久你就会恢复正常了！”俊点点头，希望他说的没错。他从回转门悄悄离开，走进厨房。门还没关上，客人就转回菲那边了。

“好吧，那**你**哪几天晚上会在这？“

菲告诉他们她的班表。客人又坐了几分钟，喝完剩下的清酒。戴黄帽的客人凝视着菲，“上帝因为你这样的人而爱人类，你架起了世界的桥梁。”他认真想了一会，然后说出他当晚的最后宣言。

“人生是个很大的——”他顿了一下，“——派。你应该把它吃掉。”

第十九章

重要的测验

周一上午，卓南在哈玛荷摩沙餐厅前的人行道上，竖起一块标牌：“学生寿司吧，握寿司两个 1 美元，卷寿司 3 ～ 5 美元。”

哈玛荷摩沙平时午餐并不营业，但是从现在开始，每周一卓南会在午餐时段打开餐厅大门，学生会在后面房间使用真的寿司吧，接待街上入席的客人。俊坚持，学院学生要尽量多地吸收接待客人的经验，他相信这是对他们而言最好的学习方式。凯特觉得很兴奋，她希望再度接待客人，这有助于她提振精神，她还邀请她妈妈过来。

准备过程中，学生花了一上午煮饭，把寿司料装进后吧台的鱼柜。近中午时，客人开始鱼贯进入。

刚开始凯特很紧张，但她一和客人闲聊起来，愉悦之情就油然而生，如同她之前在派拉蒙的感受。她接待了一位男士和他的两个儿子，儿子的年纪和她相仿，接着凯特的妈妈来了。父子三人从菜单上点了几道菜，还询问凯特学校的情况。她说明了一些有关寿司的事情。凯特的妈妈听了也很感兴趣。这几位男士请凯特为他们做点菜单上没有的特别寿司。

她用烤鳗鱼、酪梨、小黄瓜和天妇罗炸虾，为他们做了一道里卷。她用卓南教她的方式，把卷寿司卷紧、压密。她将卷寿司拌上天妇罗屑，切片，装盘，在盘上来回挤出一条条的甜鳗鱼酱。她自顾自地笑了起来，有了这些条纹，她应该称这条里卷为斑马卷。卷寿司切片维持得够久，足以让他们狼吞虎咽一番。凯特又跟他们聊了一会。

之后，凯特的妈妈眉开眼笑地说：“你知道吗，我认为你会很擅长做寿司。你对视觉设计很有一套。”

凯特微笑并点点头，就如俊所言：“要用眼睛品尝！”

不同于在派拉蒙的宴会饮食服务工作，今天凯特有机会认识客人。当客人起身离开时，她很难过地目送他们离去。

卓南宣布，几天后俊会给学生进行这学期的第一次大型测验，考题是卷寿司。在卓南宣布此事前，凯特还一直觉得很棒呢。

卷寿司测验的前一天，卓南给了学生一个惊喜。他教他们如何煮煎蛋，这是用于寿司的特殊煎蛋：玉子烧，一种标准寿司料。凯特兴奋不已，在经历了开口砰裂的卷寿司、扭曲的握寿司、血淋淋的鱼之后，她很开心终于有一样感觉熟悉的东西了。

玉子烧又甜又咸，英文通常称为“甜蛋卷”。学生将十颗蛋和高汤打在一起，加上一点名为味醂的甜米酒，一点糖、酱油和盐。卓南示范精妙的烹煮技巧：特制的方锅要先加热，但是不能热到把蛋烧焦。他在锅中倒进一层薄薄的蛋汁，等接触锅底那一面的蛋汁凝固了，将蛋层折成矩形蛋饼；然后再倒进一层蛋汁，把第一层蛋饼抬起，让新倒入的蛋汁在下方流动，一样等锅底蛋汁凝固后，再把蛋汁卷上方才的矩形蛋饼，层层堆叠上去，一再重复这些步骤。随着矩形蛋饼逐渐成形，卓南翻转的动作也愈显困难，愈发引人注目。

做玉子烧的技巧需要长期练习，所以传统上这被视为师傅是否功夫到家的标准。以前客人到新寿司店尝鲜时，会先点上面覆盖甜蛋卷的握寿司。假如他认为这项没有达到标准，他可以不再点任何东西，径行离开。现在多数寿司餐厅都是买事先做好的玉子烧。

卓南完成时，做出用薄片层层堆叠而成的坚实蛋块。他从尾端切下一小片长方形蛋块，四指长、两指宽，放在握寿司上刚刚好。

凯特剩下的时间都待在厨房。煎蛋很有趣，她很擅长煎蛋。她很努力，但没有做出完美的蛋块，不过已经很接近了。

随着考试日期将近，另外两位女同学中有一位休学了——是那个日裔美籍的女孩。她的寿司一直都做得比凯特好，但她却因为气馁而休学了。

自开学最初那两周起，凯特走过漫漫长路，每天都考虑要休学。她已经坚持下来了，现在也吃得比较好，体重增加了 4.5 千克。

但有个感觉她仍无法动摇，就是同学仍当她是个怪人，而且从她所做的某些寿司来判断，她很担心他们的看法可能是对的。她觉得自己还没准备好参加测验。

考试那天早上，卓南在白板上草草写下卷寿司清单。学生要做两种美式里卷：一条加州卷、一条辣鲔鱼卷。此外，他们还要做两种日式细卷：一条小黄瓜卷、一条鲔鱼卷。

“早！”俊走进教室，他穿着厨师服上衣、短裤和一双特大号篮球鞋。他的步伐很有活力，学生让他充满精力。学生连忙回到工作台。俊看完白板上的清单，然后转向学生。“在我们开始前，最重要的是——让我们做出很棒的正方形吧。”他的意思不是很清楚。他眼光向下瞪着桌子。

“这非常重要！”他停顿了一下，“六分钟做完全部卷寿司！如果低于六分钟，加三分。如果超过七分钟，扣五分。六到七分钟，分数不变。你们做完后，我要看看你们的工作台是脏乱还是整洁。所以现在就确保一切都在掌握中。”

学生慌忙从地上捡起零星散落的食物，他们又洗了一次手。俊下了最后指令。

“完成时，把所有东西都放在砧板上，清理好，然后后退。”他再度停顿，随即大喊，“清理好！明白吗？”

卓南站在俊身旁，紧握着田径用的电子秒表。俊的眼睛眯了起来：“预备好了吗？”

学生齐声吼道：“好了！”

“开始！”

卓南按下秒表。学生匆匆打开金属海苔盒的盖子，手指在水碟里沾一下，把多余的水拍掉，然后伸进饭盒。安静了半分钟后，俊转向卓南，偷偷笑了起来。“喔，现在每个人都认真起来了。”秒表上的数字飞逝，学生还在做第一个卷，卓南看看时间然后大喊，“两分三十秒！”

凯特压紧她的第一个卷。过了三分钟，她开始做第二个卷。她一直想留给俊好印象，但她落后了。不过其他人也一样。“四分钟！”还没有人完成第二个卷。俊皱起眉头。他转向白板，把六分钟草草改成八分钟。“六分钟！”卓南喊。甚至还没有人开始做第三个卷。“我把时间改成八分钟了，”俊宣布，“快点，赶快做！”学生现在已经发狂了。凯特是头几个完成第三卷的人，但还有一个要做。“八分钟！”学生继续做。凯特和拓美开始切片，接着马可斯也开始切片。有位学生落后很多，九分钟时，他还在做第三卷，刚把饭压到海苔上而已。“十分钟！”凯特开始摆设切片，拓美也是。

最后，在原先时限的两倍——十二分钟时，凯特完成了。她是第一名！她把寿司盘摆在砧板上，退到桌子后面。在她之后，其他同学也一一完成，最后一位学生完成的时间是十五分五十秒。

卓南停止秒表计时，俊叹了一口气。他带着计分板沿桌走动，检查每位学生的寿司，检查地板，然后在计分板上草记下来。凯特的里卷看起来不错，但她的小黄瓜卷切片裂开了。俊回到桌子前头，表情很严肃。

“每个卷应该**最多**两分钟，”他咆哮道，“那是你们的目标。即使两分钟都还太长。这很简单——三十秒就够了。”

学生盯着自己的砧板。

“我们必须更认真点。”俊说。他扫视这些寿司盘，眼睛匆匆瞄过凯特那盘，“你有些卷爆开了！”

俊示范一条小黄瓜卷，很快地压了两下，就做出方方正正的柱状，又长又细有直角。这根本不是卷状而是块状了。他的手看起来几乎没移动过。

“正方形！”他喊道。他将卷切成片，把切片竖起来。海苔完美地围住白色米方块，绿色小黄瓜块不偏不倚地坐落在中央。“中间！”他喊道。俊抬头看看学生，然后提高音量大喊：“做就对了！”

他停一下让学生记住他的话，然后改变话题。

他说：“下周五要考特别卷。每个人要想出一种很棒的卷，特别的东西。好好想想看。”

下课后凯特遇到杰，他知道她很努力。

“今天还好吗？”他问。

“好极了！”凯特说，接着她的脸就垮了下来，“我的小黄瓜卷破掉了。”

杰笑着鼓励：“继续练习。”

第六周

比创意的卷寿司

第二十章

西方的寿司王国

接下来那个星期一，学生第二次架设学生午餐吧。马可斯把后寿司吧擦干净，把几桶冰倒进寿司料柜。冰块如流水般滑过鱼柜上方，哗啦啦奔流至吧台。卓南闭上眼睛。

“是我做的！”马可斯大喊，“对不起！”

溅出的冰开始融化，水浸湿了椅子坐垫，瓷砖地板上形成几滩水渍。马可斯把排孔钢板塞进箱子，放在冰上。最后他终于装好了，但角度很怪。有位同学走过座位区，踩到水渍而滑倒。

就在此时，杰的朋友杰夫走进屋内。杰夫是餐厅顾问，他部分工作是帮全美的寿司师傅与餐厅搭桥。他不时会到学院看看最近一批学生，问问杰和卓南对学生的评价。学生毕业时，杰夫可能会推荐有前途的学生工作。

杰夫站在门口看学生工作。他刚错过马可斯处理冰的滑稽行为。卓南走过来，站在杰夫旁边。“我的电话一直响不停，”杰夫摇摇头告诉卓南，“真让人不敢相信。”今年夏天，杰夫接到愈来愈多要找寿司师傅的电话，他以前从没见过这种盛况。尤其让他惊讶的是这些电话的来源：堪萨斯城、密尔瓦基市、第蒙、波伊西，甚至还有美国俄克拉何马州的静水市。

“需求激增！”杰夫说。这让他想起 20 世纪 70 年代和 80 年代初期的洛杉矶。但许多电话是白人餐厅经营者打来的，他们在美国心脏地区开设寿司吧。这看起来像一波全新的浪潮，是寿司入侵的第二道战线。几天前杰夫才和杰讨论到这一现象。“我很敬佩这些人，竟然有胆识这么做。”杰夫当时这么说，“他们是真正的拓荒者。在俄克拉何马州静水市开寿司吧？哇喔！”杰也一直接到询问学院方面的电话。“你们在芝加哥有学校吗？”“你们在得州有学校吗？”

这些寿司吧数目很惊人。已在中西部开寿司吧的餐厅经营者现在想要再开三家，他们向杰夫提及的利润金额，远比洛杉矶餐厅所赚的高。

2004年迪恩竞选美国总统，一个保守党敌营在艾奥瓦州初选时攻击他，指责他的竞选活动是“喝拿铁咖啡、吃寿司、喜爱好莱坞……的畸形秀”。有趣的是，星巴克咖啡和百视达在艾奥瓦州一家接着一家开，寿司吧也不停地出现。第蒙现在最少有四家餐厅供应寿司，艾奥瓦市和华特卢镇还有7家店卖寿司，当地青少年点的卷寿司如此之多，让师傅都来不及做。最近有个自负的纽约客侮蔑苏族城，一位《第蒙记事报》的专栏作家捍卫苏族城，她举出好寿司的存在就是苏族城的卖点之一。

在整个中西部，每个主要城市都有供应寿司的餐厅。到了2006年中期，圣路易斯有25家，合称为双城的圣保罗与明尼阿波利斯有23家，印第安纳波利斯有22家，辛辛那提有22家，克利夫兰有20家，哥伦布有16家，堪萨斯城有13家，俄克拉何马市有11家，密尔瓦基市有11家，维契托市有10家，内布拉斯加州的阿马哈市有6家，而这些都还只是各州经正式注册的餐厅，多数餐厅2000年即开张。就连伊利诺伊州的皮奥里亚现在都至少有3家餐厅供应寿司。

印第安纳波里是印第安纳波里高速赛车场的故乡，也是美国全国赛车联合会的发祥地，当地人对于他们的寿司一点都不觉得害羞。有位作者在《印第安纳波里星报》上宣称：“我坚信，在每个充满活力、大啖牛肉的美国人身上，都跳动着一颗喜爱寿司的心。”

芝加哥是美国的肉品包装重镇，也已成为生鱼之都。大略搜寻一下芝加哥和市郊，都会出现 150 家供应寿司的餐厅，其中有 69 家在 2000 年就开业了。芝加哥购物商场的美食广场供应寿司。芝加哥熊队的球迷在士兵运动场观赏橄榄球赛时，可以买寿司来吃。芝加哥的富有居民可以花 500 美元从裸体女人身上拿寿司吃。

与芝加哥竞逐的对手是得州。达拉斯／华兹堡地区很自豪，他们有至少 100 家餐厅菜单上有寿司。最近一位食物评论家提到达拉斯的寿司时，这么说："这不再是种趋势，几乎算得上是热潮了。"

在达拉斯郊区的佩雷诺，沃尔玛百货已装设寿司柜台。沃尔玛的寿司由先进新鲜概念公司（简称 AFC ）提供，该公司计划在全国沃尔玛百货再设立 200 个寿司专柜。

1986 年， AFC 在洛杉矶一家方斯超级市场设立外带寿司柜，由此起家。公司以"南方津波"这个品牌名称，快速扩展至其他杂货店。1991 年， AFC 在加州以外的地方开设第一个超级市场寿司柜，地点是得州的圣安东尼。到了 1996 年， AFC 在美国超级市场已有 300 个外带寿司柜。现在至少有 1 900 个了，遍及阿肯色州、印第安纳州、艾奥瓦州、堪萨斯州等地区。除了沃尔玛百货外，还能在方斯、赛夫威、哈里斯 · 提特等超市买到寿司，在大学用餐场所、旅馆、赌场也有。AFC 甚至还向美国军方供应寿司。

较小型的外带寿司制造商跟随 AFC 的步伐纷纷崛起，例如以费城为根据地的源氏快递，是供应全食市场杂货店，还有一家新公司叫寿司大道，是从明尼苏达州起家的。

一本叫《日本餐厅新闻》的刊物估计，美国的日本餐厅总数大约在过去 10 年间增长了两倍，超过 9 000 家。其中有些餐厅不供应寿司，但有很多非日本餐厅却在最近装设的寿司吧提供寿司。师傅来自四面八方，间或有日本人，但常常都是韩国人、中国人、越南人、缅甸人、泰国人、墨西哥人和白人。芝加哥 2001 年有项调查发现，在调查的餐厅工作的寿司师傅，有近三分之一是拉丁美洲人。

除了这 9 000 多家餐厅外，《日本餐厅新闻》估计，美国还有 3 000 多个零售通路供应外带寿司，包括杂货店的寿司柜。这些销路已经非常普遍，所以很多美国人首度认识寿司都是在当地的超市，而不是餐厅，中西部美国人深以为然。

对杰夫而言，在美国中西部扩展的广大寿司新市场，虽然带来了展望，却也很危险。位于心脏地区的美国人比前人更有潜力，能变成比较成熟的寿司食用者。此时与海岸相比较，中西部的纪录还是一片空白，但这不会持续很久。杰夫很想知道，有没有方法可以阻止美国寿司的历史重演。

杰夫看着这些学生。要有新类型的师傅来引导客人，把日本人吃寿司的方式散布到美国，这样的师傅了解日本传统，但行为和思考方式都像美国人。像俊这样的师傅，在好莱坞无奇不有的气氛下，可以大叫、大笑，但现在，混合了中美洲，事情就不一样了。

风险很高，因为杰夫也看到了另一种潮流。回到日本，年轻世代逐渐变得西化。日本传统有消失的危险。饮食习惯发生了巨大的改变。西化版本的咖哩饭，通常和牛肉、马铃薯一起煮，已经成为日本最受欢迎的餐点之一，麦当劳的汉堡、比萨、意大利面也是。

如果地道的寿司经验会在任何地方存活下来，那个地方很可能就是美国。若美国人学会欣赏寿司传统，他们可能会挽救寿司传统，不只是为自己，也是为日本。

第二十一章

虾的男子气概

杰夫跟卓南说话时，马可斯已回到厨房，正把竹签插进蜷曲的虾身，把它拉直。这些虾要平放在握寿司上。他把竹签刺进虾尾，然后整支穿到头。这一任务没有卓南几天前给他们的工作那么困难。当时卓南把一箱大活虾放在桌上，在这些虾还在扭动时，他要求学生把它们的尾巴剥掉。

小虾、明虾、龙虾的肌肉充满酵素，一死就很容易把自己消化成软糊状。这就是为何零售商放在店里的龙虾都是活的，也是寿司师傅让高品质的小虾活到最后一刻的原因。

小虾第在二次世界大战后才加入寿司料的精英层级。长久以来，生虾一直是日本西部很受欢迎的菜色。当东京风寿司于战后传至全国其他地方时，日本西部的师傅开始在握寿司上放整尾现杀的虾。有些师傅也煮“螳螂虾”（俗称虾蛄），这其实不是虾类，而是甲壳纲动物，有着极细长的奇怪尾巴。

今天，多数寿司吧都提供两种虾：一种是新鲜的生虾，发亮、透明、有黏性；另一种是比较小的熟虾，肉质紧实，白色中带有明显的粉红色泽。美国的寿司吧通常把前者列为甜虾，这种比较贵；较小的熟虾通常被叫做海老，比较便宜。

较小的熟虾一般是用黑虎虾或墨西哥白虾变种。渔夫用拖网捕捉它们，但拖网同时也会捕获非目标的海洋生物，包括幼鱼和濒临绝种的海龟，虽然美国渔夫已经采取行动减少捕获这种非目标物。海外养殖事业为了养殖这些虾，已经摧毁了数千万公亩的红树林栖息地。

生食的较大型寿司虾通常是牡丹虾，或属于长额虾属的牡丹虾变种。渔夫一般是用不太会造成伤害的罗网或拖网，在野外捕获它们。

马可斯正在处理的虾是虎虾，才刚解冻，另外三个学生也一起帮忙穿竹签。完工时，成果看起来像一碗海鲜冰棒。卓南走进厨房，怒冲冲地瞪着这个碗。

“这是什么鬼东西？”他抓起一尾虾，虾身还是弯曲的。

“那尾可能是我弄的。”马可斯说。

卓南开骂，“如果不弄直有什么用？我示范过怎么做。”卓南双手在胸口交叠，走了回去。

“腌渍工作就随你们处理了，”卓南说：“我什么都不说了。”他大步离去。

有位学生记得卓南说过，许多师傅喜欢从腌渍生姜的桶中取出甜醋来用。大家同意可以这么做。首先，虾要用水稍微烫过。马可斯把虾串倒进一锅滚水中。

甲壳纲动物的肉只要在滚水中川烫几分钟，就会产生美妙的滋味。当虾浮上水面，虾肉已从透明变成不透明了。马可斯把锅举离炉火，赶紧移到水槽，边走边喊：“当心热锅！”他低估了水的重量。当他碰到水槽边缘时，瘦巴巴的手臂无法把锅抬上水槽，只能将锅贴在水槽旁，试着把锅口往上抬，让水流出来。蒸气弄得他满脸都是。

卓南对着他大吼：“快！快！虾不能继续煮了。”

马可斯分开双腿，一脸痛苦模样。他移向侧边，让自己能抓紧一点。最后，水终于随着更多弥漫的蒸气流出来了。然后马可斯把虾倒进冰水中，他擦擦额头，拿着这个碗到教室，宣布：“好了，我们已经有些不直的虾了。”这才只是开始而已。几位学生围到碗边，把竹签拔掉，剥去虾壳。接着，他们把头那端不规则的肉切掉，做出整齐划一的直线。他们按照规定的角度修剪尾鳍，仔细切画腹腱，直到能让虾身摊平成蝴蝶的姿态；假如切得太深，就会把虾切成两半。卓南在他们身边巡视，提供指示。

“做寿司不需腌渍虾，日本的师父多半不这么做。但是美国人什么东西都喜欢甜的。”但的确得把虾洗一洗，因为虾里有很多粪便。拓美在一碗盐水中擦洗每一尾虾，用拇指沿着虾细小的消化道刮过去，把它移除。其他学生大半都忘记这么做，他们的虾都留有粪便。卓南站在桌前监督：“你们开始在寿司吧工作时，这就是要求你们做的第一件事——一大堆寿司熟虾。”最后，他们把虾倒进几碗甜姜醋中腌渍。拓美把后寿司吧的灯打开，杂牌军工作人员各就各位，周一的午餐柜要开始营业了。

马可斯还记得，在派拉蒙影业公司的派对上，辣妹在寿司吧和他打情骂俏时，他所感受到的热潮。但从那以后，他就一直没能再以寿司师傅的身份去认识任何辣妹。

寿司是饵，而现在他有些技能了。他压合一条加州卷和一条辣鲔鱼卷，把它们放在附有一小碟酱油的盘子上。他穿着厨师制服走出去，站在人行道上，试着让自己看起来很帅。

两位女士走向他。

“嗨！”马可斯拖长声调说，“两位女士想要来点寿司吗？”

“谢谢，我们已经吃过了。”她们看着那盘寿司，“这是你做的吗？”

“对！”马可斯介绍餐厅，但她们继续往前走。

两个很漂亮的女生接近他，她们的手提包和手机不停地晃啊晃。

“嗨！想要来点寿司吗？”

女孩微笑说：“不了，谢谢。”

马可斯的目光绝望地尾随她们，心想：“或许我就是不够帅吧。”五分钟后，马可斯放弃了，他回到室内。他说：“销售比表面上看来困难多了。我还以为外面的人都会想吃免费寿司呢。”他想了一下，说：“也许我们应该在福斯电视台做广告。”

由于又饿又无聊，拓美切了几片薄鲔鱼，躲进厨房。四下无人，他把新鲜番茄酱涂在鲔鱼片上，滴上几滴橄榄油，洒上切碎的细香葱和蒜片——將意大利白汁红肉一口吞下，日本人不是唯一吃生鲔鱼的民族。

学生在寿司吧上讨论，当客人进来时，他们到底应该喊什么。对面潜水艇三明治店的店员就很轻松，他们所做的就只是喊一声：“欢迎光临潜水艇！“

马可斯说：“是‘番迎瓜临’（发音不准）。”

凯特说：“我不知道。我只是等到大家都喊了，我才跟着喊‘光……临’。”

就在此时，两位美女走了进来，学生几乎同时大声喊出近似“欢迎光临”的声音。美女坐在马可斯的正前方，他现在只需用寿司技巧让她们留下好印象。

马可斯清清喉咙招呼她们，声音有点颤抖。她们点了大青花鱼握寿司。马可斯从寿司料柜中拿出大青花鱼，手指有点不听使唤。

深褐色头发的女子问他：“那么你做这个多久啦？”

“我想大概六周吧。”马可斯说。

“我们以前常来这呢。”她说。

马可斯展现魅力说道：“这样啊，我们很高兴你们来了。”

马可斯捏了四个握寿司，把它们挤放在一个太小的盘子上。他忘记加上酱汁，就越过吧台递出那盘寿司。深褐发色女子把它递还回去说：“上面能放点酱汁吗？”

马可斯脸红了，他在每片鱼上轻轻涂上一点酱汁。深褐发色女子很快拿了一个放到嘴里。她面露苦色，发出表示嫌恶的嘎吱声。

马可斯吓了一跳：“太多山葵吗？”

“不是，”她说。她用手指在嘴里找了一下，“里面有根鱼刺。”

马可斯低下头，“很抱歉。”不管是谁准备鱼，上菜的师傅都有责任确保这鱼可以吃。

凯特的妈妈来了，这次她跟凯特的弟弟一起来。凯特给他们上了一道花式卷寿司。

“宝贝，这个很棒喔！”她妈妈说，凯特微笑。

后来她妈妈溜进她工作的地方，拍了一张快照。

之后，凯特抓了一些小黄瓜、饭和海苔，回家练习卷寿司。

第二十二章

料理鱼的技术

隔天卓南大喊：“今天大家都准备好沾满鱼腥味了吗？”，“从今天开始，统统都是鱼腥味！”他面露邪恶地微笑：“你们将得知道鱼的每个部位的日文名称。”他从桌子往下看，“而拓美，你必须认识英文名称，”卓南继续说，“假如寿司师傅对你说‘清理鱼’，他的意思不是要你去骨切片，只要把鳃和内脏拿掉，简单清理就好了。”

还有内脏啊？凯特下了最大决心，这次她不要卓南再说她“没有把鱼正确清理干净了”。她已经受够当班上的怪胎了。

卓南在白板上画出鱼的轮廓。他在图表上标出鱼每个部位的日文名称。学生连忙记在笔记本上。卓南砰地一声打开桌上的硬纸板箱——又是青花鱼。

“今天我们要做青花鱼寿司和生鱼片。”

在日本古都京都，青花鱼是早期日本寿司最常用的鱼之一，可追溯到师傅将整片鱼压在寿司饭上，放在盒中用石头压。但是青花鱼从未用作生鱼寿司，也不煮熟使用。

卓南说：“我们通常用盐和醋腌渍青花鱼，关于青花鱼，你们该知道的是，它很容易有寄生虫。”

青花鱼很难保持新鲜，所以日本师傅有时称青花鱼为“还活着就腐烂”的鱼。人类也会因为吃生鱼或没煮熟的鱼，而感染 50 种以上不同的寄生虫，要除去寄生虫有时还得动手术，所以生食青花鱼很危险，最普遍的寄生虫之一线虫，其幼虫很爱寄生在青花鱼里。

线虫的幼虫能钻进鱼的内脏里层，也有少数情况是钻到鱼肉里。青花鱼对于幼虫的用途，只是桥梁作用，一旦哺乳类动物吃掉青花鱼，最好是海豚、鼠海豚或鲸鱼，进入哺乳类动物的胃里后，幼虫就会蜕变为成虫，钻进哺乳类动物的胃壁。它们交配、产卵，虫卵出现在哺乳类动物的排泄物中，整个循环又重新开始。

人吃了没煮熟的含有寄生虫的鱼，喉咙会感到刺痛，几小时内就可能感到强烈腹痛并呕吐。幸运的话，他会吐出幼虫。若是不幸，他会受折腾一星期左右，届时，患者可能已经被误诊为胃癌了。即使没有吞下活的幼虫，但光是幼虫在鱼里产生的化学成分，有时就会让人起反应了。

热能轻易杀死线虫幼虫。有些人认为，烧烤青花鱼闻起来、尝起来都很美味，根本没必要冒线虫感染的风险生吃青花鱼。

然而，寿司师傅还是继续准备并提供没煮过的青花鱼。理论上，用盐腌鱼，然后浸在醋中，也足以杀死幼虫了。盐把水从细胞里吸取出来，使细胞干枯。酸则用氢离子攻击细胞，使它们的酵素变形。

不幸的是，实验显示，在浓度 20% 的盐水溶液中，寄生幼虫可以存活将近一个月。日本有全世界最高的线虫疾病案例，大约每年 2 000 个病例。

“青花鱼也很油腻，”卓南补充说，“含 16% ～ 20% 的脂肪。腌渍有助于降低油脂。青花鱼的鱼腥味也很重。”

活鱼和刚杀的鱼，闻起来或尝起来都不会有什么鱼腥味。绝对新鲜的海水鱼散发出两种主要味道：一种是海洋风味——更确切地说，是鱼吃的海藻所产生的溴酚味道；令人惊讶的是，另一种味道则是天竺葵叶的香气。鱼中的脂肪是不饱和的，和植物里的脂肪一样，鱼皮和植物叶片都含有一种酵素，能将不饱和脂肪分解成碎片，闻起来带点“绿意”，还有点金属感，就像刚碾碎的天竺葵叶。

然而，鱼死后没多久我们就能开始闻到鱼腥味了。鱼腥味的产生与造成鱼主要风味的现象是一样的。海中生物在抵抗海水渗透压的过程中，让细胞里充满美味的氨基酸。鱼类的细胞中充满一种相关的胺，叫做氧化三甲胺，或简称 TMAO 。

氧化三甲胺跟氨基酸不同，它没有味道，也没有气味。但是鱼死后，鱼肉上的细菌和鱼本身的酵素，就从氧化三甲胺中偷走氧，留下三甲胺。

单独存在的三甲胺会发出恶臭，因此鱼放久了就会发出腥臭味。此外，鱼死后，鱼表上的细菌很快就消化鱼中的蛋白质，产生氨、腐胺和尸胺等毒气。

盐腌和用醋浸渍不只有助于控制寄生虫，还能降低鱼腥味。

用厚厚一层盐把鱼裹住，能藉由渗透压把肉里的水分引出来。当肉里的水涌出表面稀释盐分时，氧化三甲胺之类的化合物和带有腐坏味的脂肪酸就随之出现。

同时，醋中的醋酸将氢离子射向三甲胺，与醋酸在细菌上起的作用一样。当氢离子击中氧化三甲胺的分子时，鱼腥味的化合物获得正电荷，使其易溶于水，把它从空气中带走，消除这种味道。

早期寿司师傅盐腌、浸渍的鱼并不是只有青花鱼。事实上，19 世纪东京的街头寿司摊贩很少供应任何生食。他们没有办法冷冻食物，所有海鲜都得盐腌、浸渍，或煮熟、烧烤，这样食物才得以保存到卖出的时候。古东京寿司师傅用的盐和醋之多，使得当时人们称寿司店为“腌制场”。

保存食物的需求通常有意外的幸运效果；盐腌和浸渍常常提升

生鱼的味道和口感，其中一个理由是肌肉含有许多酵素。在肌肉中，酵素将燃料（糖）转换成能量。然而，鱼肌肉中的酵素含量，通常比陆地动物肉中的酵素含量多。

鱼肌肉中的酵素跟霉菌中的酵素一样，即使在鱼死后，仍继续作用。结果，烹调实际上会破坏鱼的味道和口感。假如你用太低的温度加热一条鱼太久，这些自相残杀的酵素会因热度而加速运作，鱼就在锅中把自己吃掉了。

然而，在室温下盐腌生鱼，能减缓酵素运作，将一些蛋白质解构为可口的鲜味成分。盐阻挡细菌的时间，足以让酵素完成其任务，而盐本身则增强了鲜味在人类舌头上的效果。

青花鱼在盐腌后大约二十四小时内，鱼肉就会自行消化，达到鲜味的高峰，时间只要再长一点，鲜味就会下降。在现代运输工具出现前，日本海沿岸跑腿的人搬着每箱重达45千克的新鲜盐腌青花鱼，徒步送到内陆都市京都。他们日夜兼程，走将近50公里的山路，这样才能把鱼及时送到，刚好到达鲜味的高峰程度。

同时，醋让鱼复杂的蛋白质显露出来，让鱼肉紧实，变成不透明。早期寿司师傅也会将一些鱼浸渍在酱油中，让鱼肉保存久一点。

至今，寿司狂热者仍主张，鱼肉要真的够格做成寿司，就绝不能是全生的。师傅一定得用某些方式在鱼上做些改变，不管是盐腌、浸渍、烹煮，或是巧妙组合某些准备技巧。

卓南把青花鱼箱的盖子拿掉。凯特往里面看，这些青花鱼比之前的大，大约有45厘米长。卓南放了一条在砧板上，他移除鱼头和内脏，清理鱼身。现在该教学生如何将鱼去骨切片了。

卓南让大家集合，他示范如何从肛门后面切到尾鳍。“只要先切开鱼皮。一旦切开鱼皮， 就可以切进去再试一次了。”他切得比较深，刀片呈水平状，把尾部肌肉从肋骨上分开。刀子滑过鱼身时，凯特听到一连串微弱的断裂声，就像铅笔擦画过洗衣板一样。

“听到了吗？”卓南说：“剥！剥！剥！剥！”这是刀片沿着脊柱碰到肋骨的声音。“很好！”卓南说。

这表示他把所有的肉都跟骨头分开了。

他把鱼旋转过来，以同样的方式沿着鱼背从头部切下，沿着脊骨把肉分开。刀子从尾部出来。卓南把鱼的一整面举起来，鱼骨架上只剩下骨头了。

说到肌肉，鱼是比陆地动物更有效率的健美运动者。鱼不浪费能量或原料对抗重力。屠宰一头牛，移除它的头、皮、脚、器官和骨头后，只剩下大约全身重量的25%是肌肉。将鱼去骨切片后，平均可获得的肌肉是鱼重量的40%，而且往往还更多，因季节及鱼种而不同。此外，鱼一般都是冷血的，所以它们不耗费能量用于保暖。在将食物转换成肌肉这方面，鱼比较有效率。

卓南把鱼翻面，在另一面重复同样流程。现在他有两片完美的鱼片，还有鱼骨残骸。

“三片分解。”卓南说：这是最普遍的去骨切片技巧。他把鱼骨残骸扔进垃圾堆，挺起身子。“轮到你们了！”

学生从鱼箱拿出鱼，鱼贯走回工作台。

“一旦切下去，”卓南说：“就很难恢复原状。切下之前要想一想。我们不赶时间。”

凯特再次紧握刀柄的最末端，尽可能拉开手和刀片的距离。她转过头，没有看就锯下去。鱼头一刀两断，这次她清除内脏后，把鱼洗干净，甚至连血腺也刮除了。凯特瞪着她的鱼。整个房间充满青花鱼强烈刺鼻的油脂味，卓南看着凯特。

“亲爱的，你还好吗？”卓南问。

凯特用刀子开始切鱼。

大家的青花鱼片在冰箱里，放在竹筛上盐腌，卓南从冰箱拿出某种东西，看起来很像米黄色的细长橄榄球，每个都用收缩胶膜包着。

卓南笑着说：“对日本人来说，大青花鱼是最低等的鲔鱼——是最糟的！”他摇摇头：“但美国人喜欢这种味道。”大青花鱼最常被做成“白肉鲔鱼”罐头。

卓南解释，多数大青花鱼都在海上就去骨切片、冷冻。“我们买到的是事先去骨切片的大青花鱼，你们在寿司餐厅工作时，也是如此。你们可以生吃，因为肉很软，我们通常会将它烧烤。”

生的大青花鱼在刀下很容易碎裂，烧烤可以让边缘变得紧实。大青花鱼淡而无味，所以烧烤时要调味。卓南从塑胶包装里拿出一块像长形橄榄球的鱼块。

“首先要做的是摸寻骨头。假如找到骨头，在煮之前把它去掉。”马可斯点点头。卓南继续说，“现在，把腹部边缘切掉，这样你才能跟客人说：‘这是大青花鱼腹’。”他微笑着说：“这就像鲔鱼腹一样，让他们觉得很特别。老实说，这尝起来有些微不同，差异不是很大。但这让他们感觉起来好像价值百万。”学生在厨房火炉上练习烧烤大青花鱼串。卓南瞄了一眼时钟，把盐腌青花鱼从冰箱拿出来。鱼片很漂亮，大家都围过来赞赏成品。它们闪耀着银蓝色光泽，深色波浪条纹与古风竹筛形成对比。这个房间突然间属于19世纪日本的鱼贩所应有的风格，而不是21世纪的美国寿司学校。学生把青花鱼片放进不锈钢平底锅，倒进米醋，开始浸渍。“休息十分钟。”卓南说：“然后做生鱼片。”

第二十三章

沙西米

日本吃新鲜生鱼的传统与寿司毫无关系。寿司一开始是一种保存老鱼的方式，街头摊贩把它变成一种未经加工的点心食物。

几个世纪以前，日本贵族盛宴的精致餐点，早已包含称做“沙西米”（*sashimi*）的新鲜生肉切片。沙西米不一定是鱼，可以是任何肉，甚至鹿肉、野猪肉、鸟肉都可以。

在古代中国，人们将生肉或生鱼切成薄片，滴上几滴类似味噌的酱料吃，这一直延续到20世纪，中国南部的人还是这么做，直到政府为预防寄生虫疾病而禁止。在韩国，生牛肉片和生鱼片还是很普遍，通常配着红辣椒酱和醋一起吃。

日本人吃生肉很可能是学自邻近的中国和韩国。日本人称这道菜为“纳麻属”（*namasu*），该词于1 200年前出现在日本文本中。纳麻属是种生肉沙拉，师傅把肉先切成长条状，然后拌入一种酱汁，酱汁里可能包含姜末或一种辛辣草药水蓼磨碎的叶子，还加上味噌和高汤。

大概从800年前起，大家不但用纳麻属一词，也开始用沙西米一词了。“沙西”（*sashi*）意思是插牢或刺穿，“米”（*mi*）这个音表示肉。

沙西米的起源有两派理论。一派理论认为，师傅会从鱼身取下一片鱼鳍，插在鱼片中当装饰，表明鱼种。另一说法认为，“沙西”是“基里”（*kiri*）的婉转用语，意思是切。在武士文化中，称这道菜色为“基里米”（*kirimi*，意指切成薄片的肉）可能会引起械斗、流血伤亡等讨厌的言外之意。中古世纪时的日本，人们坐下来享受美食时，最不愿想到的就是流血事件。

吃生肉片时旁边放碟酱油而非调味酱料的习惯，很可能是源自公元1600年后新幕府将军移都江户时。时至今日，师傅上生鱼片时，不只附上酱油，还有一小团山葵。他们还会加点装饰，通常是一堆白萝卜细丝。

卓南拿出大量硕大的日本白萝卜，大声喊："该来练习'圆柱状削皮'了。"圆柱状削皮是一项高难度的技巧。

凯特咬紧牙关，将白萝卜和菜刀举到眼前。然后，她打破祖母的基本准则，往自己的方向切下去，切出一片完整的白萝卜薄片。

假如吃生鱼片的客人对于装饰的准备工作有一点概念，他们就绝不会把这些白萝卜丝留在盘中。事实上，师傅上生鱼片时附上白萝卜丝，这么做有很好的理由，白萝卜丝除用作装饰外，还可以食用。白萝卜产生辛辣味的化学成分，也有助于抑制有害细菌的生长。

卓南旋转白萝卜块，把它削成薄如纸张的长片，像丝缎带一样。他以纵向折白萝卜片两次，左手手指卷曲，压住这叠白萝卜片，右手迅速劈下，刀子砰砰砰地切得很快。随着刀片起落，砧板上堆出了一叠漂亮的白萝卜银色细丝。

当学生试图仿效卓南时，室内突然变得很安静。白萝卜的辛辣味从桌上浮起。学生削出来的萝卜片都很厚实，他们切丝的动作缓慢而谨慎。卓南的身子带着节奏前后轻摇，刀子切得很快。突然，卓南的声音划破寂静，他唱起歌来。

"当你开心时，你会知道，'圆柱状削皮'！"现场又恢复一片寂静，只有刀子切在木头上断断续续发出的砰砰声响。卓南完成后，看看学生。

“停！”他大喊，“你们看太多《料理铁人》了。你们对于薄的概念，和我完全不同。你们有人意识到自己的切片有多厚吗？有人做了任何补救吗？我们是不是得停下来，回头每天练习蔬菜切丝，而不学鱼了？”卓南面带威胁，“因为我将这么做！”

学生继续埋头工作。他们花了半小时，才把一块10厘米的白萝卜块，切片剁成配菜。

卓南把砧板放好，摆了一块大青花鲔鱼厚切片、各式各样的装饰盘、白萝卜细丝，还有一堆鲜绿色的紫苏叶。紫苏属中国薄荷科植物，带有柠檬味，据说它跟白萝卜一样有疗效，有抑制细菌的效果，是很健康的植物，也可食用。

卓南说：“好了，现在，你们必须确定有个干净的盘子，要确定不是从洗碗机拿出来的热盘子。你不会希望盘子把鱼煮熟！”

卓南选了一个边缘有蓝色宽边花样的圆瓷盘，他抓了一把白萝卜细丝放在盘上，看起来像团三角锥状的棉花糖。所有工作都就绪后，他斜斜覆上一片紫苏叶。

卓南靠在砧板上，用刀子循着六个流畅的弧形切穿大青花鱼。他用钢制厨师筷和左手手指举起四片，与叶片呈对角摆放，再把另外两片直接摆在盘上，这两片摆放角度截然不同，些微交错。然后他在它们后方的一端塞进一片柠檬，舀一小匙亮橘色的洋葱胡萝卜酱，放在两组鱼片间的弯曲处，酱汁的左边放上一小坨角锥状的碎绿洋葱，在盘子右下角放一小团山葵。

所有东西都不对称，都没有对着正中心。但是卓南这盘是平衡与动态捕捉的大师杰作。不到一分钟，他创造出的风景，有着茂盛的矮木丛、攀缘而上的森林、绵亘的山脉，还有耀眼的太阳，深蓝湖泊将这一切环绕其中，整片风景就在直径25厘米的范围内。

就某种意义来说，做寿司和生鱼片与创造禅园有许多共通之处。以日本佛教寺庙的观点来看，和尚修剪树木、矮树丛，把它们化为抽象的象征，在缩影中唤起自然美景。寿司师傅修剪鱼肉，把它们化为抽象的海中佳肴。卓南，这位粗鲁的澳洲空军退役军人，伪装成禅园园丁。学生敬畏地看着这盘菜。

生鱼片和寿司不同，一定要用筷子夹起来吃。拓美和另一位学生交头接耳，他俩都是左撇子。卓南摆饰盘面的方向，则是方便习惯用右手的客人用筷子吃。这对他而言是最容易的摆盘方式，习惯用右手的客人也最容易夹起来。要达到此目的，左撇子师傅就要反向思考，当然，除非客人也是左撇子。最好的寿司师傅会考虑到这一点，假如客人是左撇子，他们会反方向摆饰。

课程结束时，只有一盘生鱼片的摆饰捕捉到难以捉摸的日本美学。拓美和卓南一样，从配菜和鱼当中，成功建造出一个微形禅园。

第二十四章
皮发亮的鱼

隔天早上，凯特佩带新武器上场。前一天处理青花鱼后，她回家时满手发痒。今天她带了一副乳胶手套。

青花鱼属于鲭属鱼种，是鲭鱼中毒的罪魁祸首，这也是它们快速腐烂的原因之一。青花鱼经过适当冷冻，里面的细菌就无害，如果没这么做，细菌就会成长并释放毒素。其中有种毒素是组织胺，会产生过敏反应的征候。凯特双手发痒很可能就是因为接触到组织胺。食用青花鱼最大的亲戚——鲔鱼，也会发生鲔鱼中毒，美国最普遍的海鲜中毒类型中，鲔鱼名列前茅。

“好了，现在把你的青花鱼拿出来，”卓南说：“青花鱼当早餐！喔，天哪！”

更多的青花鱼。凯特像外科医师般戴上乳胶手套。昨天盐腌、浸渍的鱼片已经可以使用了。

卓南首先示范如何把胃内壁和肋骨从每个鱼片的下端移除。他用指腹沿着中线触摸，用特殊的钳子把骨头拔出。接着，他把鱼片翻面，露出青花鱼的皮。卓南说：“在日本它也叫做‘皮发亮的鱼’。”

寿司师傅把所有的鱼分为三个基本类型：红、白、蓝。

红类（赤身）的范围狭小，鲔鱼是主要成员，剑鱼也符合。与多数鱼不同，这些鱼有血红色的肉。

白类（白身）包括苍白肉色的鱼，包含鲷鱼、真鲷、比目鱼、鲈鱼。海中多数的鱼都有苍白、无色的肉。

蓝类是指皮为银蓝色的鱼，例如青花鱼。银鱼、竹筴鱼、鱵鱼等是日本的寿司师傅常用的鱼，但西方人较少见，这些都是蓝类的鱼。由于这些鱼的皮是银色的，寿司师傅也称其为“光物“。

自20世纪初期开始，寿司师傅用颜色和光泽将鱼分类。历史学家认为，首先使这些分类普及的人，很可能是东京娱乐区的艺妓，她们与客人用餐时会用到这些分类。现在东京的年轻人把“光鱼”这个词汇的变化当俚语用，称衣着闪亮的女孩为“青花鱼女孩”，因为她们看起来很像皮发亮的鱼。事实上，青花鱼因其炫丽的光泽而举世闻名。在英国，称男士为青花鱼，表示他是个花花公子；在法国，则表示他是个掮客或皮条客。

“现在，”卓南告诉学生，“你们要保持鱼的光泽。”

寿司吧光物和其他类型鱼的真正区别，是师傅上光物时，吸引人的表皮还附着在鱼肉上，成为摆饰的一部分。青花鱼也有淡红色的肉，但不符合红类，因为师傅上青花鱼时，闪亮的鱼鳞还附在肉上。相反地，很多大型鱼（如鲔鱼、鲥鱼）也有青色亮泽的鱼皮，但却不符合光物的标准，因为它们的皮和鳞太硬不能吃。

青花鱼非常小，鱼鳞也很小。它们摸起来柔软光滑，吞入口时没什么感觉。

然而，青花鱼身上的鱼鳞上面有层透明的保护皮，太硬则无法食用。寿司师傅必须移除这层外皮，但不能刮掉鱼鳞，这是所有做寿司的步骤中最艰难的任务之一，就好像试图移除墙上海报，但不能伤到油漆一样。

当学生观看时，卓南从鱼片头部的那端外皮，水平地使劲拉开一角，一层透明薄膜缓缓蜷缩剥离鱼片，留下了表面散发冷光的蓝色和银色。

卓南把鱼片翻面，把刀斜向一边，从鱼片尾端切下一小片用来做握寿司。当他把切下的鱼片右侧朝上时，它仍保有引人注目的银蓝色斜边，这就是细心准备的亮皮鱼的保证。

接着，他直接从鱼片上切下九片做生鱼片。他做了一个生鱼片盘，又是一个盘上禅景。

学生在鱼片前埋首工作，沿着肉边把骨头拔出来。有些鱼特别难准备，例如青花鱼、鲑鱼、鳟鱼、鲱鱼等，因为它们的肌肉包含会滑动的钉骨，不依附在主骨架上。拉开骨头本身就是个挑战，不久学生的鱼片就布满坑洞、凹痕。

凯特拉出骨头时，试图抓紧鱼皮边缘，但由于戴着乳胶手套，她连抓都抓不住，而且她是从尾部动手。卓南对她说：“从另一边试试看。”

她把鱼片转过来。她紧紧抓住它，用力拉。她拉得有点惊险，速度太快了点。光泽和色调全都跟着皮一起剥落。

她沮丧地叹了一口气，看看其他同学，也没有人做得比较好。即使那些做寿司很完美的同学，他们做出来的鱼片也参差不齐、没有颜色，青花鱼真难！

卓南的生鱼片摆盘有俐落而不对称的线条，凯特很欣赏这点。

那就是她想做的。她切开鱼片，在盘上摆设切片，但就是没办法复制它。凯特有很好的艺术美感，但是禅风之美难倒她了。卓南出现在凯特旁边，为她摆设生鱼片。

卓南悄悄溜回工作台。他还有另一个绝招——一个小木箱。他在箱子底部垫着煮过的半透明白海带条。他压进一片青花鱼片，然后又停了下来。“我们必须反向思考。”他说，他重新摆放青花鱼，让亮皮面朝下。然后他在上面塞满饭。卓南抬头看着学生宣布：“这就是寿司在日本的起源。”学生停止工作，聚集过来。卓南说：“在用手压寿司前，他们把寿司压在箱子里，这叫做‘箱寿司’。”原本是用重石把鱼和饭压在箱里，这是在这个方法上所做的小规模变化。

卓南把箱子的顶盖（更确切地说，是底盖）插入，用力压下去。他把箱子翻转过来，拿开箱子。海带让青花鱼的图纹色彩上了一层透明的光。他以一口大小的尺寸将它切片。在部分日本西部地区，京都一带，人们仍认为这种压箱寿司的风格才是标准寿司，而非已征服日本其他地区及全世界的东京风寿司。

学生回到工作台。班上另一位女学生咬了一口青花鱼，若有所思地嚼了嚼，然后把它吐到垃圾堆，旁边的同学叫了一声。

“呃！”他说，“你已经第六次这么做了！”

她耸耸肩说：“我不能吃任何生食，因为我怀孕了。”

她把自己的青花鱼生鱼片给凯特：“你要不要把这带回家？”

“不！”凯特说，“它让我作呕又发痒。”

课程结束时，卓南提醒大家：“两天后会有另一场测验。”

卓南说：“测验内容包括大家的特别卷，你们每个人都要想出自己的卷，要有创意。”

不久，一个图像突然出现在凯特脑海中——爱心。

第二十五章
卷出创意

卓南一脸嫌恶，大步走向白板，他很讨厌教创意卷。他抓起奇异笔。

“美式特别卷有哪些？”卓南问。

学生喊出名称——龙卷、彩虹卷、毛虫卷（上面覆盖酪梨薄切片）、费城卷（烟熏鲑鱼和奶油干酪）等。卓南把这些写在板上。他语带嘲讽：“公司大量制造所有类型的卷寿司图片菜单，然后不同餐厅冠以它们不同的名字。”多数美式特别卷都是以基本里卷为基础，通常上面还放上寿司料。它们都有赖黏稠、油腻的原料和酱汁，还有让人惊艳的新奇食材。

卓南把奇异笔扔进沟槽，把一份长长的美国卷清单随手放在桌上。这是从网上下载打印的，有糖果卷、炸药卷、香蒜卷、香辣卷（短吻鳄天妇罗），还有假期卷（蔓越橘莎莎酱和火鸡）。旧金山附近有家餐厅供应百忧解卷，尽管实际上里面不含百忧解药物成分。马可斯听过一种卷叫令人惊叹不已的高潮，他不确定里面放了什么。

卓南示范一个快速毛虫卷，然后让学生尝试做做看。拓美做了一个，把它放在盘上排成S弧形，好像一条虫在蠕动。他在毛虫卷头部插了两个小黄瓜薄片，当作它的触角。他往后站看了看它，用日文低声嘀咕：“假如你看得太久，它会让你起鸡皮疙瘩。”

“好了！”卓南宣布，“剩下的时间你们要做出创意卷。”为了准备即将到来的测验，学生开始测试自己的创意。卓南着手做他认为唯一值得吃的特别卷——日式“太卷”或“大卷”（*futo-maki*）。

日式大卷当然外层包覆海苔，与细卷一样，但要用长约20厘米、宽约18厘米的整张海苔，而不是用半张，而且里面的寿司料不止一种，而是好几种食材。卓南往大卷里放进蟹肉、熟白鲑、甜蛋卷、浸过酱油的熟波菜、炖煮过的香菇和葫芦条。他把它压合。他抬头看看学生的进展。

“加油啊，各位！你们做三个卷已经花了三十分钟！”卓南大喊，“再不加快速度，客人都要回家了。”

卓南骄傲地指着他的日式大卷：“这是最好的卷。”

他比较了一下学生正在做的美国卷：“其他的都是垃圾。”

大多数学生都在试验一种标准里卷，多数卷里都有大量的奶油奶酪和混杂的酱料，凯特的卷里有水果。

同时，拓美则设计出一种全新的卷结构。他做了两个小卷，把它们并排包在饭量较多、较大的长形卷中，海苔包在外面，是个日式卷。他用竹帘卷把它压合，然后切下一片。他检视切面，是个几何上很完美的长方形，里面有两个完美置中的正方形，他点点头说：“骨牌卷。”

拓美开始做第二个创意卷。他做了一个标准小黄瓜细卷，然后切片。他把切片立在盘子上，排成圆形，切面朝上。这看起来很普通，但拓美在一个切片里用山葵酱取代几乎整块小黄瓜，里面含的辣根足以让人流泪。

拓美转动盘子，卷寿司切片像左轮手枪弹膛里的子弹般旋转。盘子停住了。拓美笑着说：“俄罗斯轮盘卷。”

有位作家来参观教室，了解学院的事情。拓美把那盘寿司拿给他，访客选了一片咬下去。

多数寿司吧供应的商用山葵不是真正的山葵，而是混合有辣根粉、芥末粉、芥末淬取物、柠檬酸、五号黄色素和一号蓝色素的混合物。真正的山葵美味也绝非人造山葵可比拟。

真正的山葵只生长于日本本土和位于日本北部外海的俄罗斯前哨库页岛。山葵产生一种芥末油的衍生物，叫做甲基亚磺基异硫氰酸盐。人体中少量亚磺基能引发有益的免疫反应，启动我们体内解除毒性化学物的酵素。早在10世纪起，日本人就采集作为药用植物的野生山葵。贵族很可能开始吃生鱼配少量山葵，当作风味十足的香料，而且可防止食物中毒。和现在冒充山葵的辣根相比，真的山葵尝起来比较甜、比较温和，没那么辛辣。

这种植物有像地下茎的块茎，师傅在鲨鱼皮上研磨茎，以活化山葵。鲨鱼皮如牙齿般的纤细鳞片是最有效的工具，可使分隔化合物和酵素的隔间破裂。在上菜前十分钟左右研磨，能让酵素产生异硫氰酸盐。时间长一点，热度和风味就会迅速消失。像多数美国人一样，把山葵（或辣根）跟酱油拌在一起，甚至会更快减低这种味道和香气。

许多寿司师傅和客人相信山葵可以杀死生鱼上的细菌，事实不然。不过山葵可以在胃中创造出抑制细菌生长的环境，因此可能有一点预防食物中毒的功效。

山葵只生长在阴凉的砂砾河床，河床不断有冷水流过，所以很难栽培这种植物。但1600年后，生肉片在江户城变得很普遍，对于山葵的需求大增，所以农民开始种植。但百姓很少吃山葵，山葵的叶子类似幕府将军家徽上刻的叶子，百姓吃山葵被视为对贵族的侮辱。多数人吃生鱼片配一般芥末，有点类似现在寿司师傅用的假山葵。

在当代，现代日本山葵田会被误以为是一条铺上柏油的乡间道路，蜿蜒行经沟渠。农民扩宽溪流，以容纳一排一排的植物，构成一片山葵田，它们把黑色帘子盖在溪流上制造阴影，所以从上面看起来，溪流就好像一条条的柏油路。最高级的山葵来自东京西南山区的天城，山葵专家称所有天城以外地方所产的山葵为“来自他方”。

多年来大家都认定山葵不会在日本以外的地方生长。20 世紀 90 年代，加州房地产开发人员卡佛得知真正的山葵每千克可以卖到 230 美元。他曾种过野菇、耶路撒冷蓟、黑松露，现在他决定采用现代温室技术培育山葵。他选择沿海的俄勒冈州，那里的气候类似天城。他拜访了日本的种植者，但当他开始询问技术问题时，却吃了闭门羹，他说服一位日本朋友去刺探讯息。后来卡佛成功带回了几个山葵品种，也带回了《日本山葵种植手册》。

在温室培育山葵从来没有人成功过。卡佛雇用一名曾任牧师的越南队伍军人当农场管理人，并聘请一位有博士学位的植物学家担任科学顾问。他们用卡车载来约 6 840 立方米的河石，放在俄勒冈州海岸的一处沙场。

他们耗费巨资，设置 23 间温室，装配最先进的灌溉系统。由电脑控制温度和营养流，以模拟日本山中溪流。

农场于 1997 年首次获得商业收益。每当卡佛拿真的山葵给美国人品尝，得到的反应都是惊喜不已。他们并不知道多数山葵都是假的，当他们发现真正的山葵如此美味时，就不会再吃假货了。

但美国大部分日本寿司师傅不太容易接受山葵。他们告诉卡佛和他的行销团队，美国人分辨不出真的山葵和辣根粉有何差别。师傅说，美国人不欣赏纤细的口味，他们只喜欢辛辣的寿司。

寿司师傅不需要山葵，灌溉系统的电费和劳力成本很高，所以卡佛的梦想破灭。2001 年，他拆除温室，开始从中国进口比较便宜的冷冻山葵。这还是真的山葵，但品质没那么好。他把它包装成管状贩售，商标写着“太平洋农场百分之百真正的山葵酱”。许多客户都是美国师傅。

很不幸地，在拓美的俄罗斯轮盘卷中，参访加州寿司学院的作家选到的就是装满假山葵的那一片。这分量比拳头尺寸小得多，但辣根中的异硫氰酸盐立即产生无法抵挡的效果。他双眼紧闭，倒抽一口气，而拓美则微笑旁观。

马可斯的第一个创意卷塞了太多材料，合不起来。他减少材料，结果这个卷一点都不特别，但很单纯，形状很好。

卓南闲晃过去，检视马可斯的作业。他点点头说：“看起来不错，很好，有些东西听进去了。”

马可斯大吃一惊。他脑中突然间挤满了浮夸的意象。他真正需要做的，是想出远比此更有雄心壮志的创意卷，而且要很狂野，把大家都打败。

其他学生陆续完成创意卷。凯特默默地尝试了几个创意，考虑后决定了一个计划。

第二十六章

班上的一分子

隔天开车上课途中，凯特心情很好。她喜欢自己的创意卷，很期待这场测验。

她也很自豪，她这周真的把整条鱼去骨、切片、剥皮了。她并没有做得多棒，但青花鱼对大家而言都很困难。整个学期头一次，凯特觉得自己是班上的一分子。她把车停在甜甜圈专卖店前，买了一盒甜甜圈。到了学校，她把甜甜圈摆在后寿司吧上，这是给同学的礼物。

卓南也为学生准备了一份礼物——临场测验。学生坐在吧台前，埋首于考卷中。卓南双手环胸， 在室内走来走去。突然他的声音打破了宁静。

“谁带了甜甜圈来，打算得到考绩点数？”

凯特举手说：“我！”

“嗯！”卓南哼了一声，仿佛甜甜圈是全世界最难下咽的东西，“我才不吃这种东西。”

凯特皱起眉头。

小考后，卓南随即说明隔天的测验。“俊会考你们卷寿司。接着你们会有十分钟做出自己的创意卷，还要摆饰。卓南再次强调：“十分钟。”

他让大家自行练习创意卷。拓美重建骨牌卷，在饭里加上咖哩粉，让它更精美。马可斯大口喝下黑咖啡，把他的想法付诸实践。他的新创意卷一定会让大家印象深刻，这是用马铃薯薄片裹着鸡肉，然后油炸，他在厨房里跑来跑去，创造力勃发。杰的餐厅顾问朋友杰夫，经过教室停下来，宣布一件事。“洛杉矶有家寿司餐厅要找一位学生去兼差，”他告诉大家，“这是双赢的局面，你们会学到东西，还有薪水可领，每小时 15 美元。另外我还接到一家夜总会的电话。”

听到“夜总会”时，卓南大笑了起来：“裸女寿司！”指的是放在裸女身上供应的寿司。杰夫继续说：“我先来找你们。谁有兴趣吗？”凯特很兴奋。她能想象自己在夜总会做寿司会多么有意思。好几位学生举手，但凯特没举手。前一周的卷寿司测验中，除了速度外，她的分数都是班上最低的。假如她直接找杰夫谈，或许他不会发现她的测验成绩。

“好了。”杰夫说完转身准备离开。学生得透过卓南或杰和他联络，这样他也可得知校方对学生的评估。凯特深深吸了一口气，在杰夫离开时，悄悄溜到他身旁，她扬眉问道，“有圣迭戈的店吗？”

“加州竞争很激烈，”杰夫叹气说道，“第蒙、堪萨斯城、犹他州都有机会，尤其是中西部，机会就在那。如果你想留在这一带，就比较困难。”凯特噘起嘴唇。然后她鼓起勇气，请他记得她有兴趣去夜总会兼职。

学生完成创意卷练习，马可斯落后了，他精心制作的新创意卷花了四十五分钟，他咬了一口嚼一嚼咕哝道：“尝起来像鸡肉。”

第二十七章
奇思妙想

考试那天早上，凯特的闹钟在四点二十分响起。她开车到自助洗衣店，趁着厨师服还在洗衣机里翻搅时，囫囵吞下可乐和士力架巧克力棒当早餐。她下定决心要让制服获得好分数。

卓南也醒了。他到市中心买了 100 美元的鱼，包括 1 千克左右的鳗鱼——幸好凯特还不知道会有鳗鱼。

开始上课了，卓南检查大家的制服。凯特的制服很干净，但卓南忙着称赞另一位学生，他的制服熨得很平。卓南检查刀子，他用拇指指甲轻敲刀片，然后在夹板上草草记录。

在等俊时，凯特打开一罐红牛咖啡因饮料，在袋中翻找东西。她拿出一个心形饼干切割器，开始在芒果上压出心形。

俊轻快地踏进教室。

“早安！”他低沉地打招呼，说话速度之快，让音节都模糊了。学生连忙停下工作看着他。

俊宣布:“今天我要给你们三个测验，首先是辣鲔鱼卷和加州卷，四分钟；接着是小黄瓜卷和鲔鱼细卷；然后就是特别卷了。”

在头两种卷的测验开始前，俊停顿了一下，说：“请务必在四分钟内做好。慢慢做的话谁都会，好吗？”

学生齐喊：“好！”

卓南拿来电子秒表。

“准备好了吗？”俊问。

两个学生回答：“好了。”

俊沉下脸来，大声喝道，“准备好了吗？”

“好了！”大家异口同声喊道。

凯特注意到有几个同学的手在抖。她看看自己的手，很平稳。

“开始！”

马可斯一马当先，最先完成。其他学生花了将近五分钟，但他们的速度已经进步了。俊接着进行下一个测验——两种细卷。马可斯再度拔得头筹。但这两个测验他都没有清理砧板就计时，拓美两次示意完成时，都已把砧板擦干净。

凯特照卓南示范的方式，把卷塞紧卷好，成品也很完整。练习有了成果。俊瞄了一眼她的卷，点头表示认同。

“好了！”他喊道。“特别卷，十分钟！开始计时！”

学生仓促展开行动。拓美静静地建构骨牌卷；马可斯发狂般匆匆忙忙地准备他的马铃薯鸡肉卷，剩下几秒钟，他把它排在盘子上，喷上一种精心调配的酱汁。俊检视每个卷，在夹板上做笔记。

凯特容光焕发，她做了一个里卷，里面有鲑鱼、奶油奶酪和炸芒果天妇罗，摆在一堆天妇罗屑上，两颗芒果爱心摆在盘子尾端，看起来既甜美又可口，非常棒，里卷也很密合。最重要的是，这代表了凯特。

俊检查凯特的卷，再度点点头，在笔记板上草草记录。当他来到马可斯的卷面前，他冷冷地瞪了他好一会儿。他翻动这个卷。

“这不是寿司！”他轻声说道，“里面没有饭。”

马可斯脸红了：“一定要有饭吗？”

“看起来很好！”俊说，“但这不是寿司。”

马可斯有点错愕。

俊转向全班同学，环视全场说：“大家都做得很好，有什么问题吗？”

马可斯脸还很红，他结结巴巴地说："所有的特别卷都应该有饭吗？"

"我们应该是在做寿司。"俊回答。

俊离开时，再次弯身观看拓美的骨牌卷。几何计算很精确，横切面很鲜艳。俊对着拓美微笑，用日文跟他说："很酷。"

那晚拓美在寿司吧后面帮忙，协助资深师傅为一群美国客人做主厨推荐。一如往常，他一开始总是害羞且沉默，但客人很喧闹，一直买啤酒给师傅喝，拓美喝得稍微多了点。他开始用破破的英文和美国人闲聊、开玩笑。他为他们做了意式的生鲔鱼白汁红肉，他们都爱极了这道菜，然后拓美突然眼前一亮。

几分钟后，他越过鱼柜，在他们面前放了一个小盘子，上面有六片排成圆形的小黄瓜卷。他告诉他们那是什么，然后旋转盘子。

第二十八章
生吃章鱼

星期六晚上，卓南和菲在前寿司吧工作，生意很清淡。当菲服务的那组客人离开餐厅时，她偷偷把他们为她买的啤酒倒进水槽。她很注意自己的身材，吧台另一位男客也很注意她的身材。几分钟后，他向菲求婚，还补充说，如果她想要，还是可以另外交男朋友。他大笑说："我不想做所有的工作！"

菲一边为他做寿司，一边在脸上装出微笑："听起来是个不错的交易。"

"从没有人跟我求婚过！"卓南大吼，他看看周围，眉毛上扬。

那男客好像没听到，他还是盯着菲："这个提议很棒。"

菲眼睛盯着正在切的卷寿司，敷衍地说："这个提议很棒。"

他点点头说："考虑一下吧！"

卓南转向旁边，假装在看吧台上方的电视，但一直注意着那男士。菲排好卷寿司，喷上酱汁。她悄悄经过卓南，递出寿司。卓南在她耳边低语："如果需要我说点什么，就对我说。"

她点点头说："好！"

印票机嗒嗒作响，印出一张新点菜单。卓南把票券撕下，从鱼柜里取出材料。那男士吃了几片卷寿司，看着卓南工作。

《绮罗罗的寿司》中，年轻的绮罗罗和一名已醒悟的年长女师傅之间，有段对话。年长女师傅问绮罗罗："既然你是个漂亮的女孩，你一定经历过很多麻烦。""什么？"绮罗罗问。"例如酒醉的客人找你麻烦，或同事骚扰，或是被老板引诱。"绮罗罗反驳说："我从没经历过那类事情。”“你不需跟我装清纯，女师傅都会受到歧视。你不可能没经历过那些事。”

星期日晚上七点，一辆车身很低的银色跑车从餐厅前呼啸而过，可以看见驾驶座上的人头轮廓有个尖下巴。车子往前经过几户，停在喜剧魔术俱乐部门口。车门发出嘶嘶声，垂直开启，里诺走出来。

里诺每周日晚上都到这个俱乐部表演，在《今夜秀》节目表演他的新玩笑之前，先到这来测试一下。

在寿司学院，俊都教导每个班的学生，寿司师傅是厨师，也是表演者。有几年俊还雇用演员和喜剧演员，来协助学生学习在寿司吧后面表演，他还曾教过卓南表演。现在，卓南面临里诺现身于同一条街的情况。今晚卓南的表演比较好。卓南在吧台三位女士面前，悬摆一只生章鱼的脚。她们盯着它瞧，既开心又害怕。

“你会吃它吗？”一位女士问。

“这很美味呢！”卓南说。他抓起刀子，从章鱼脚上切下一块吸盘肉，在上面挤上一点柠檬汁， 撒上一点盐，拿给她们检视一下。“生章鱼脚！”

卓南用炫丽的动作把它扔进嘴里，几位女士都目瞪口呆，尖叫起来。

“咿！”

“这真的很棒，”卓南边说边嚼，“所以下次要点闪亮的章鱼。”

卓南突然半跪下去，脸色扭曲。三位女士吓得倒抽一口气。

然后他迅速站起身来，哈哈大笑，她们也跟着大笑。

几秒后卓南咳嗽，开始噎住说不出话来。她们再度看得目不转睛，然后他笑了起来，她们笑得更开心了。

接着卓南的膝部从下方往外弯，他抓住喉咙大喊：“水！”她们简直快笑翻天了。

凯特兴高采烈地回到圣迭戈度周末。在创意卷测验上，俊给她每一项的分数都很高，包括预备、摆饰和原创性。她还很兴奋有可能得到夜总会的寿司工作。

要去度周末前，凯特没把刀磨好。她很讨厌磨刀，也不太擅长这个工作，她还是很担心会切掉手指尖。她知道寿司师傅应该好好照顾自己的刀，但凯特的芒果爱心卷让她心情太好了，所以她想慰劳自己，放纵一下。

周日下午，凯特走进圣迭戈一家专业刀具店。一个穿鼻环的白人女孩递出一个盒子，里面装满日本手工锻造的刀子，店里的人看到这场景都吓了一跳。她说请他们把刀子磨利。

卓南如果知道，一定会发怒。

第七周

准备上场

第二十九章

和老师道别

星期一早上，卓南凝视着桌子，然后抬起下巴。他有事情要宣布。“我要离开了，”卓南说：他脸色紧绷，“我乘28日的飞机回澳洲。”他说，要离开不是他的决定。学生看起来很错愕，尤其是凯特。那个日期距现在只有两周——而这学期才过了三分之二而已。整个室内都只剩下冰箱和冷冻库的嗡嗡声。“谁要当我们的老师？”凯特问。“也许是哲，也许是俊，也可能两个都是。”卓南停顿了一会，“好了，只是提前让你们知道一下。”

他看了一下时钟，然后要学生开始准备今天的学生午餐柜。学生赶紧展开行动。凯特打开收音机，嘻哈音乐撞击室内。他们把冰装进鱼柜，排好筷子、酱油碟、纸巾。马可斯在厨房串青花鱼片，放在大火炉上方烧烤。他很想知道上周他服务的那两位女士会不会再回来，他上次给她们吃到有刺的鱼，她们似乎不太可能再来。

近中午时，五个人走进来，坐在吧台位子上。他们看起来像生意人。凯特前面的男士点了一条小黄瓜卷。她把手弄湿，很有权威地以拳击掌。她从盒中抓了一把饭，压合一条小黄瓜卷。

几分钟后，凯特的妈妈和弟弟走了进来。凯特开心地微笑迎接他们。她为他们做了几条卷，用长柳叶刀切片。刀具店把刀磨得非常利，能找到方法不用自己磨刀，着实让她松了一口气。但现在切片时她得格外小心。

又有两个人进来。马可斯抬头一看，是上周那两位吃到鱼刺的女士。她们环视室内，有点惊讶：“哇，客满耶！”

马可斯向她们微笑："我还在想你们两位女士在哪呢！"他压好一条彩虹卷——几条色彩鲜艳的鱼条压在加州卷上面。"那么你们最近好吗？"这时马可斯的爸爸刚好和他女友走了进来。突然间马可斯有了四个客人，全都很特别。而他爸爸还没地方可以坐呢！卓南介入，引导他们到一张桌子就座。

一对年轻人来了，卓南让他们坐在第二桌。接着一个体格魁伟的长发男士大步走了进来。现在有十七个客人等着用餐。学生忙进忙出，彼此悄悄错身，穿梭在矮脚柜和鱼柜间拿取材料。

马可斯为他爸爸和女友捏了几个鲔鱼握寿司，连同山葵和腌姜片都挤在一个小盘子里，送去他们那桌。回吧台途中，他试图跟那两位女士调情，不过她们对寿司的兴趣似乎比对他还大，至少她们没吃到任何鱼刺。

马可斯爸爸的女友把山葵像糖霜那样涂在握寿司上，然后分两口咬下，另一半从她手中掉落，她动作很快，在那一半掉到酱油里之前接住了它。那位体格魁武的长发男士把一团山葵搅进酱油，调成糊状，然后把腌姜片浸一下山葵糊，把它当作开胃菜吃。

又有一对客人走进来，接着还有更多客人到来，他们得等候带位。学生继续忙进忙出。

魁武的男客吃完了充满山葵的午餐，他说："这真的很棒，谢谢你。"他拿了一些现金给学生，"零钱不用找了，下次我会带三十个朋友来，我们会把这个地方坐满！"

其他客人离开时，也都纷纷赞美学生，说食物很好吃。学生都眉开眼笑。

下课后，学生都在磨刀，凯特除外。她的刀又好又利，她留了一张纸条给餐厅顾问杰夫，提醒他，自己想要夜总会那份工作，然后就离开了。

第三十章
淡水鲑鱼

隔天早上轮到凯特煮饭，她很早就到学校了。半小时后，她已经洗了八次米，洗米水还是很浊。凯特的手在很冷的水中动来动去，把米混合搓洗。她抬起这个很重的锅，再次把水倒掉。她的手快要冻僵了。

“这会让我得关节炎”，凯特想。日本的寿司学徒在获准碰鱼前，竟然要每天洗米长达两年？或许加州寿司学院还不算坏。就在卓南点名时，凯特把米放进去煮，连忙冲回教室。

“今天，要做鲑鱼。”卓南正说道。日文中鲑鱼和清酒（米酒）的发音一样。寿司师傅为了在寿司吧后不混淆这两个字，就把语言稍微变化一下。

他继续说:“现在，我要告诉你们，日本人通常不用鲑鱼做寿司。我和俊在东京时，有些游客跟寿司师傅点鲑鱼，师傅站在那盯着他们瞧，好像觉得他们疯了。你们知道为什么吗？”

没有人知道。

“寄生虫。鲑鱼很容易感染寄生虫。”

事实上，鲑鱼比青花鱼更糟。20 世纪 80 年代有研究发现，研究人员从普捷湾取得的野生鲑鱼中，每五十条就有一条有线虫幼虫。而由于鲑鱼在淡水和海中都能生活，所以它们带有绦虫的几率很大。1981 年加州爆发绦虫感染后，疾病控制中心发布警告，绦虫的感染源是鲑鱼寿司。绦虫是传统寿司师傅很少用生淡水鱼上菜的主因，一旦绦虫在人体寄生，就可以长到数米长。东京有个寄生虫博物馆，里面有条绦虫来自一个吃生鳟鱼的人，鳟鱼是鲑鱼的淡水亲戚，这条虫将近 9 米。

寄生虫和细菌不同，它们是复杂的多细胞有机体。烹煮可以杀死它们，低温也同样有效。卓南解释，生鲑鱼的处理方式就是把鱼放在餐厅的工业冰箱冷冻。有些人认为未冷冻的鱼是高品质寿司的必要条件，但是未冷冻的鲑鱼并非好主意。哈玛荷摩沙的师傅至少会将鲑鱼冷冻七十二小时后，才将鱼解冻使用。多数寿司师傅冷冻青花鱼就没那么严格，因为他们会用盐和醋来腌青花鱼。

温度愈低，寄生虫死得愈快。在美国，食品及药物管理局建议批发商或餐厅， 所有要生吃的鱼都要在 -35℃ 的温度下，冷冻十八小时，但这个温度只有马力很强的强风冷冻机才能达到，如果用比较方便的 -20℃来冷冻，食品及药物管理局则指出，鱼要足足冷冻一周才能消灭寄生虫。多数家用冷冻库顶多到 -18℃。

食品及药物管理局只是发布建议，各州必须执行自定的法规，很多州都做到了。直至 2006 年夏天，加州还没有全州通用的法规强制鱼冷冻。水产供应商应该追踪任何健康风险，而当地卫生督察员也的确定期拜访寿司餐厅，分送必须张贴在入口的计分卡。通常大家很少因为吃鲑鱼寿司而生病。然而，加州食品药物网站的儿童页上，是这么写的：吃寿司“对你可能不太安全”。

鲑鱼是现存鱼种中最古老的鱼之一，和淡水鳟鱼都可回溯到一亿年前。

有证据显示，我们一般所以为的鱼，最初并非在海中进化。就像鲑鱼和鳟鱼，所有鱼类的起源可能都是淡水。大约介于三亿五千万年和四亿年之前，地球爆炸，产生新的生命形态。在海中，像虫般的鱼进化成新品种，其中有些迁移到淡水，发展出由硬骨形成的骨骼，随后许多鱼又再度移居大海。这些很可能就是我们现在所知的海鱼的祖先。还有很多其他的鱼留在原处。所有的有骨鱼品种中，有 40% 还生活在淡水中。

鲑鱼生活在两种世界，它们在淡水中出生，有 1 ～ 5 年不等的时间在海中，然后回到淡水，奋力逆流而上，在它们出生的溪流中产卵。为何要这么麻烦呢?

鲑鱼生活在较高纬度地区，气候相对较冷，海洋比淡水更能提供丰盛多样的营养食物，但淡水溪流比较安全，适合幼鱼成长。鲑鱼善于利用两种环境的优势，不但吃得好，鲑鱼卵和幼鱼也有较高的存活率。

鲑鱼依循气味回到出生地。当它们从海洋展开逆流长途跋涉时，它们吃下生命中的最后一餐。从此刻起，它们就燃烧自身脂肪，消化自身肌肉中的蛋白质。它们逆流而上时，同时经历了惊人的生理结构改变，就好像班纳博士转化成绿巨人浩克那样。

海中的鲑鱼是看起来漂亮的银色鱼，它们回到家乡溪流时，依品种不同，它们会发展出绿色的头、亮红色的皮肤、怪异的色彩图案，钩状下颚长出令人作呕的牙齿，背部隆起。

这些鱼在对它们而言小得过分的溪流中挥舞游动，公鱼彼此撞击、嘶咬，母鱼则攻击所有会动的东西。母鱼翻身侧躺，用尾巴猛击砂砾层，挖掘凹地以便产卵。最强的公鱼奋战取得交配的权利，最后这场激烈的狂欢以所有鲑鱼都死亡作为终结。

在这期间，熊从水中用掌拍击鲑鱼。熊很挑剔，它们每条鲑鱼只咬几口，就扔到一旁，然后又从容回到水中抓鱼。它们留下被撕裂的鲑鱼，地上尸横遍野。

在寿司吧这种行为会让人唾弃、驱逐，但在森林中却很受欢迎。生长在鲑鱼溪流附近的植物含有大量富营养的氮，检测结果显示其中高达70%的氮来自海洋，就是鲑鱼带来的。鲑鱼溪流附近的树木生长情形，比起附近没有鲑鱼的溪流，好上三倍之多。

“现在，来谈谈养殖。”卓南说。他解释，多数寿司用的鲑鱼是养殖鲑鱼。

早自19世纪起，工业污染就开始杀死世界各地主要河流的野生鲑鱼。在英国，1800年于伦敦泰晤士河捕到最后一条野生鲑鱼。兴建水坝也摧毁了许多鲑鱼的繁殖路线。

挪威于20世紀70年代首创鲑鱼养殖，接着苏格兰也跟着养殖鲑鱼。欧洲人将鲑鱼养殖事业拓展到加拿大、美国和智利。今日，少数几家跨国公司掌控大部分事业，养殖鲑鱼占了所有鲑鱼的一半。捕捉高品质野生鲑鱼的渔夫很难在此行业立足，因为便宜的养殖鲑鱼已经使市场供大于求了。

鲑鱼养殖让鲑鱼产量变得更丰盛，但从某一方面来说，这也创造出一种新鱼。就寿司而言，多数美国人比较喜欢这种新鱼，理由很简单，和卓南喜欢在寿司吧对客人说的一样：“养殖鲑鱼不需为生存奋斗。”

野生鲑鱼则奋斗得很辛苦。在太平洋西北和阿拉斯加的野外，自由游泳的鲑鱼年复一年继续投入长途跋涉的马拉松，回到出生溪流。为了增强体力应付这趟旅程，它们捕猎各种野生猎物，包括一种很小的虾——磷虾。

磷虾吃海藻，结果，它们体内充满一种叫做虾红素的光合色素，类似让胡萝卜呈现橘色的胡萝卜素。很多种类的鱼都会吸收这种色素，使得鱼皮呈现淡红色，但只有鲑鱼会把色素吸收到肉里，这就是为何鲑鱼肉有种独特的粉橘色。红鹤吃类似磷虾的甲壳纲动物，它们呈现粉红色也是由于同样的原因。

对寿司师傅而言，鲑鱼并不符合红肉鱼的条件，而属于白肉鱼，因为那个颜色不属于鱼本身所有。鲑鱼养殖业必须把色素加进饲料，否则养殖鲑鱼就会变成白色，令消费者失望。和野生鲑鱼大相径庭，养殖鲑鱼懒散极了。它们在围栏中绕来绕去，享用丰富多脂的鱼餐。公司在搅拌器里放进肥厚多脂的鱼，例如青花鱼、鲱鱼、沙丁鱼、鳀鱼等，碾碎制造出这种鱼餐。

有时卓南会给客人吃两种不同的握寿司，一种上面是野生鲑鱼，一种上面是养殖鲑鱼。野生鲑鱼肉的颜色通常呈暗黑色，味道强烈，而且相较之下比较精瘦，不过这要视何时在哪被捕获而定。这种肉不会在口中融化；必须要咀嚼，野生鲑鱼口感很强烈，可以感觉到肉的纹理。养殖鱼软而苍白，有厚厚的脂肪层，相较之下口感比较温和。

近来盛行把肥鲔鱼用在寿司上，导致大家比较重视丰富、肥厚、入口即化的感觉，远胜于风味和口感。水产养殖公司很乐于配合，肥嘟嘟的懒鲑鱼就是他们最擅长培育的。

不幸的是，缺乏风味和口感并非唯一不利之处。比起野生鲑鱼，养殖鲑鱼身上所有的脂肪充满了大约 7 倍之多的多氯联苯，很可能致癌。由于要用 1.4 千克左右的小型鱼才能产生 0.45 千克的鲑鱼，所以因生物累积作用，鲑鱼吃小型鱼会比直接吃磷虾累积更多有毒的多氯联苯。

许多养殖公司也对鲑鱼大量注射抗生素，因为疾病会在拥挤的围栏内蔓延。另一方面，养殖鲑鱼比较不可能传染寄生虫给人。

传统上，日本最受喜爱的握寿司料是精瘦、结实的鱼，比如真鲷和比目鱼。过去日本鱼贩把鱼身肥厚的部分切掉，丢在地上喂猫。当整条鱼脂肪部分很多时，例如青花鱼，他们就将它盐腌，用醋浸渍，以降低油脂，这和凯特他们学到的方式一样。但西方食物在日本流行后，日本人也开始把鱼身肥厚的部分用在寿司上。尽管如此，日本师傅还是倾向于把养殖鲑鱼当作次等的选择。

在美国，用餐的人喜欢吃清淡的肥鲑鱼，这个现象不只成为水产养殖业者的致富之源，对寿司师傅而言也是意想不到的好事。

“如果你想开餐厅，”卓南说：“鲑鱼就是你的摇钱树，买鲑鱼很便宜。”当然他指的是养殖鲑鱼。“只需一大块鲑鱼片你就可以做出许多寿司。”

“现在，”卓南说：“我有个麻烦，我订了条头还在的鲑鱼，但却拿到了鲑鱼片。很抱歉。”

没有鱼头？凯特听到这个消息一点都不难过。卓南把一个绿色胶膜包裹解开。

多数鱼不是瘦巴巴，就是肥嘟嘟。例如，比目鱼高而窄，鲔鱼则是宽管状。要把鱼切成容易切片做寿司的寿司料块时，这两种极端都会造成混乱。但鲑鱼就刚刚好，相对算大，剖面够厚，但又不是球形，所以切鲑鱼很简单，这也是寿司师傅喜欢鲑鱼的另一个理由。

卓南把手掌放在这个平凡的橘色鲑鱼厚片上，切下跟他手同宽的长方形鱼块，这块准备要用保鲜膜包起来，放在寿司吧的鱼柜中。卓南把手掌放在鱼片上，又切下一大块长方形。“看到没，四指宽！”他看看学生，“懂了吗？”他们点点头。卓南把好几块鱼片摆在桌子四周，学生两人一组。首先他们触摸鱼肉找出髋骨，用镊子夹出来。他们身穿白外套，伏在不锈钢桌前，手拿着钢刀和工具，看起来就像外科医师。

凯特走过来和一位同学一起工作。他从盒子中取出西式厨师刀，把鱼鳍从鱼片上切下来，然后把刀子交给凯特。凯特把手掌放在鱼片上，感觉很黏滑。她从鱼片锯下去，要切出一块跟手一样大的鱼块。当刀子碰到鱼片下方的皮时，刀子停住了。她放弃了，把刀子递还同学。他也没办法用自己的刀切穿鱼皮。卓南注意到了，他抓过刀子，用拇指指甲检查了一下。“这是谁的刀子？”卓南边问边看着凯特。“是我的。”另外那位学生说。卓南忍住不笑：“这刀子不锋利！”他夸张地用刀片轻敲掌心，凯特吓得瑟缩一下，但这刀子没有刺出血来。卓南瞪着那位男同学，摇摇头说：“你的刀子如果不锋利，就没办法切鱼。”然后大步走开。凯特慢慢走回工作台，拿出一把刀，这些刀上回磨好后，她就没用过了。她一刀利落切下， 鱼皮就切断了。她们把剩下的鱼片切成好几块，用保鲜膜包起来。

“想想看什么风味跟鲑鱼最搭配？”卓南指示他们，“因为现在我要你们想出自己的鲑鱼寿司，有你们自己的风格，混合也行，想怎么做都可以。”学生都皱起眉头。卓南大喊：“动手吧。鲑鱼寿司，自己的风格！”卓南立即展开行动，他很快捏出六个鲑鱼握寿司。一个上面有芝麻和极细的柠檬片；一个上面洒上柴鱼片和洗过的白洋葱薄片；一个上面加了少量照烧酱；另一个则是用乳状芝麻酱；第五个他涂上一层甜味噌和蛋黄，然后用喷枪炙烧；他把最后一片鲑鱼的皮剥掉，在鱼和饭之间塞进半片紫苏叶。“瞧！”卓南大喊，“几秒钟就做出六个不同的鲑鱼握寿司。你们脑筋必须动得很快，因为客人随时会进来，每次都想吃不一样的东西。”

那天晚上凯特回到教室。杰在教一个市民夜间班，凯特是他的助教。当学生工作时，她给他们提示，和他们闲聊。下课后一个女士走向凯特，她说自己很喜欢凯特的风格，给了她二十美元小费。这真是美好的一天。凯特的刀在上课时一直都很锋利。而且到目前为止，新鱼课程没那么糟——没有鱼头，没有鱼内脏，没有鱼血。什么问题都没有。

第三十一章

鲷：鱼之王样

隔天早上凯特走进教室，又在寿司吧上放了一盒甜甜圈。她还放了另一个东西——一个苹果。这是要给卓南的，她很惊讶自己竟会因卓南要离开而那么难过。

卓南跨进教室，开始点名。

“所以呢，接下来这鱼叫真鲷（snapper）还是鲷鱼（sea bream）呢？”他轻声笑道，“这非常让人混淆。全世界有好几百种比目鱼和鲷鱼，日文怎么称呼呢？”

有人说：“泰（*tai*）。”

“答对了！这个名字是从哪来？日文中有个字——”卓南请拓美帮他正确拼出来，“念做‘欧梅得泰’（*omedetai*）。”意思是恭喜。“在日本如果你举办什么庆祝活动，别人会给你鲷鱼。相扑选手获得冠军，会得到什么？一条很大的鲷鱼！这是胜利的一部分——巨大的鲷鱼生鱼片。”

在古东京，人们认为鲷鱼是很高级的鱼，鲔鱼则是鄙俗、低级的鱼。事实上，由于鲷鱼实在很高级，所以很贵，多数街头摊贩不会用在寿司上，只有最顶级的寿司店才卖鲷鱼。

在20世纪，随着寿司脱离低等的地位，鲷鱼也在寿司吧上占有一席尊荣之位。直到几十年前，鲔鱼才跨越层层阶层，挑战鲷鱼的最高地位。很多日本人仍然认为鲷鱼是最好的握寿司料之一。日本人想要指称某物为同类之最时，大家常以“鱼之王样”这句谚语来表达。还有另一句谚语意思是“即使腐烂了，仍然是鲷。”美国的寿司菜单往往只把这种鱼列为“真鲷”，统称各种鲷鱼、真鲷、鲈鱼、海鲈。真正的鲷是鲈鱼的一种品种，叫做真赤鲷，生长在日本、韩国和俄罗斯沿海。

从古代甲壳、骸骨堆的挖凿工作中，显示石器时代的人很喜爱这种鱼。日本最古老的诗歌集《万叶集选》，时间可追溯至 1 300 年前，里面有庆贺鲷鱼的诗，人们把这种鱼和受人喜爱的鲣鱼（高汤风味的来源）相提并论。

鲷鱼比鲑鱼更接近鲔鱼、鲣鱼及青花鱼，但鲷鱼却又是非常不同的鱼。鲔鱼、鲣鱼及青花鱼看起来像流线型的银子弹，鲷鱼体型高而窄，前额很高，皮肤色彩鲜艳，鳍很像电影《海底总动员》里健忘的多莉，但是红色而非蓝色。它们在浩瀚大海中游得并不快，而是在海底暗礁、岩石上慢慢闲晃。和鲑鱼一样，它们的红色是从所吃的甲壳纲动物中获得虾红素，但这种颜色累积在它们的皮肤，而非肌肉。

日本人实在太爱鲷鱼了，爱到他们把鲷当作很多鱼名的字尾，而那些鱼根本就不是鲷鱼。鲷鱼在美国当地的同义字也发生了类似的情形。2004 年，研究者从八个州的零售商那里取得红鲷，分析 DNA。他们发现四分之三的鱼根本就不是红鲷，完全是不同鱼种。

卓南说：“我们处理鲷鱼时，要很注意顶鳍，那些尖尖的小刺里有毒。”

凯特的嘴张得很大，有毒?

“如果你不幸折断一根刺进手指头，”卓南说：“你就得上医院动手术移除。”他没有说得很明确，是移除刺还是手指头。

“准备好了吗？”卓南大喊，“待会将会一团乱！”他从冰箱搬出一个泡沫塑料箱。凯特往里面瞧，箱里装满粉红色的鱼，长约 30

厘米，用塑胶袋包着。它们看起来矮矮胖胖，很好笑。这些鱼还很完整，头、嘴、大眼珠、尾巴都还在，当然有毒的刺也在。

“这些鱼是纽西兰饲养场养殖的，而这些是红鲷。怎么分辨它们呢？”

“他们是红色的？”有人说。

“非常好！”卓南大笑。实际上，饲养场养殖的鲷鱼是红色的，这根本就是个巧妙的把戏。

鲷鱼和真鲷长得很慢，很长寿，可以轻易活上 20 ～ 60 年。鲷鱼幼鱼是鳗鱼的捕食目标，握寿司料有很多这种弱肉强食的例子。当鲷鱼长到比较大时，他们多半吃虾和蟹。

到了交配阶段，真鲷和虾刚好相反。它们一开始都是雌的，过了一两年，有些鱼自身会进行性别转换，变成雄鱼。由于这些鱼从幼鱼变成鱼的时间太长，所以鲷鱼和真鲷的族群总数成长缓慢。青花鱼在不受干扰的情况下，只需三四年族群总数就呈倍数成长，鲷鱼则要花上 14 年才能有这样的成果。此外，这种鱼的行动是可以预测的，每年有大量鲷鱼回到同样的地点产卵。

以上种种事实表示渔夫可以轻易捕捉大量鲷鱼。在美国部分地区，红鲷族群数量岌岌可危，这也是零售商用其他鱼种替代它们的原因之一。

早在挪威人开始养殖鲑鱼前，日本人就开始养殖鲷鱼，以补充野生产量的不足。他们繁殖成长速度快了 40% 的科学怪鲷。他们甚至还用人的怀孕荷尔蒙诱导鱼产卵。到了 20 世紀 90 年代中期，日本养殖公司在漂浮笼养殖的鲷鱼，数量是渔夫野外捕获量的六倍之多。

唯一的问题是，养殖的鲷鱼看起来不像鲷鱼。由于这些鱼生活在靠近水面的漂浮笼，它们会受到日晒，变成黑色。

所以养殖者在笼子上方竖起棚子遮阳，结果鱼变得太白。养殖者学到在收获前几个月喂它们吃磷虾，这样鱼到市场时就会变成红色，红辣椒也能达到类似的效果。寿司迷说养殖鲷鱼尝起来没有野生鲷鱼好，但似乎没有人抱怨有辣椒味的鱼。

厨房里，卓南把一条真鲷放在砧板上，搁在水槽里用冷水冲。他指着沿鱼背伸展的毒鳍。

“不要弄错刮到手指。”

他手上拿着一根很多节状的钢制工具——剥鳞器。他靠在水槽上，很快、很有魄力地用剥鳞器从鱼尾到鱼头，沿着鱼身往下刮除。鳞片弹到空中，四处飞散。学生巧妙地闪躲这些飞舞的小圆片。

“要确定你们连鱼屁股也刮得干干净净！”卓南喊道，“你们以为这很糟，你们应该看看大鲷鱼是什么样。”他停下来，用拇指和食指围成一个一美元硬币大小的圆圈，“它的鳞片这么大。假如你们被它的鳞片打到头，就要小心了！”

因为鲷鱼和真鲷动作很缓慢，所以它们不需要很小的鳞片来减少阻力。它们宁可有比较大的鳞片，可以多一点保护。

现在卓南在刮鱼头：“如果你们是准备全鱼大餐，别忘记下巴也要刮干净。”他用刮鳞器在下巴下面刮来刮去，好像在帮鱼刮胡子。卓南盯着张得很大的鱼眼说：“哈啰！”

卓南放下刮鳞器，笑嘻嘻地说：“现在，你们想要我在此把鱼头拿掉吗？会有血和内脏喔！要吗？好吧。”

首先，他用剪刀把背上的刺剪掉：“一位寿司师傅手指被刺到，结果因为毒的关系，手指肿得很大。”

卓南拿着他那把去骨切片用的刀，用刀片轻敲鱼前鳍正后方的位置说：“不能从这里切下去；这里硬得跟石头一样。”他把刀片往鱼的尾巴方向稍微移动 0.6 厘米，“假如我要准备全鱼大餐，我会先切除鳃。我们下周再来教怎么处理鳃，”他停了一下，“还是你们想现在看？”

卓南把刀子猛戳进鳃中，切穿软骨，发出很大的断裂声。他拿出纹理清晰的血红色扇形组织，并把这东西举起来。

卓南的脸色突然为之一亮：“拓美先生，你有什么不错的鱼头食谱吗？”

拓美点点头说：“有！”

卓南说：“好，大家必须把自己的鱼鳃拿出来。”

“什么？！”凯特脱口大喊。

“拓美要为我们做个东西。”卓南说。

通常师傅不需把鳃切除，因为鳃会和鱼头一起丢掉，但现在拓美要利用头做东西。

卓南重新把刀摆回鱼前鳍的后方。他在砧板上方拱起身子，用力往下一切，刀子碾压过鱼骨。他把鱼头拿起来，血滴下来把砧板弄脏了。

“下一个步骤，从屁股一直切到腹部。把内脏清干净，还有血腺——这非常重要。”卓南把刀尖插进鱼的肛门，往前向下颚的方向切开，跟他处理青花鱼的方式一样。他把手指塞进内脏腔，猛地拉出一串器官和肠子，然后把鱼拿到垃圾桶上方，用一捆叉子刮出更多紫色血块。他在体腔里塞进一张面纸，把它擦干净。

“好了，该你们了，去拿鱼吧！”凯特和马可斯一马当先，并肩站在厨房水槽旁。

凯特拿起刮鳞器。她站得很高，头往后偏，让脸尽可能离鱼远一点。她从鼻子往下瞄自己在做什么。她用刮鳞器从鱼的侧面刮下去，鳞片弹起来。当她处理完大部分的鱼身时，她转向同学。

“我也得刮鱼头吗？”凯特问。

“对。”有人这么回答她。她回到水槽边，弯下身子工作。她扬起下巴，皱着鼻头，继续刮除鱼鳞，用水把鱼冲洗干净，然后她意识到只处理了一面，叹了一口气，把鱼翻面。

当凯特完成时，她把鱼移到桌上，拇指和手指间紧握着三角形的去骨切片刀，再度像在握小提琴的弓一般。她用刀尖戳进鱼鳃，一副畏畏缩缩的模样，仿佛她戳的是自己。

卓南走过来：“你还可以吗？”

“不行！”凯特说。

“你拿刀的方式要正确，”卓南说：“你这样只会伤到自己。”

在卓南的协助下，凯特把鳃拿掉了。这个星期今天是她第一次用去骨切片刀。

她咬紧牙关切下鱼头，把头里那团污秽黏滑的紫色东西刮出来。她把鱼腹切开，里面的器官一滚而下，黄、绿、白等颜色的管状器官，仿佛外表黏滑的香肠。她徒手抓住一部分器官，用力把它们拉松开来。她把紫色的血腺刮掉，然后看着卓南。

“我要怎么处理头？”

“把它切开！”他用太过爽朗的声音这么说。

“切成两半?!”

“对！”

凯特试了，不过鱼头晃来晃去，几乎快从她下面滑掉了。

“不要伤到你自己！刀子往下切，用力点！”

凯特试着调整，但卓南阻止了她。他拿起刀，垂直握着，把全身的重量放上去，刀子往下一推，切穿鱼嘴。刀片猛地碰到砧板，切开鱼的头骨。最后，切成两半的鱼头平躺，两片间还有一块骨头连着。卓南挥起刀子，重重砍下，血水飞溅，凯特连忙闭上眼睛。

厨房里，拓美把鱼头集中起来。他相信世间万物皆有灵魂，他不愿浪费动物身上能用的部分。在《绮罗罗的寿司》中，绮罗罗也有这个观念。她把厨房中的鱼当成有情感的小神灵看待。在寿司吧后面工作的夜晚结束时，她察看吃剩的寿司，丢掉它们时她都会流泪。

拓美估量真鲷鱼头的分量，然后用盐、胡椒粉和一点面粉嫩煎一下，把它们放进汤锅炖煮，锅里有韭葱和高汤，还洒上一点酱油和清酒，炖煮时，拓美则一边刮鱼鳞、清洗鱼身。

卓南告诉全班同学：“带着你们的鱼片，都到厨房来。”

做真鲷料理时最好连皮一起，因为这会增添风味和色彩。但是这种鱼皮太硬，不能生食。这就产生了一个难题，寿司师傅必须有方法可以煮皮但不煮到肉。

卓南把鱼片放在竹筛上，鱼皮向上，淋上滚水。鱼皮立即收缩，边缘卷了起来。他用手指抓住鱼片，把它浸到冰水中。

“假如鱼皮加热不够，就会黏牙不好咬；但如果加热过头，鱼就煮熟了。”凯特走向前，把鱼片放在竹筛上，完全依照卓南示范的动作做，但当她碰到冒着蒸气的鱼片时，她痛得叫出声来。

“噢！我拿不起来，好烫！“

鱼片就搁在那里煮。有位同学冲过来帮她抓起鱼片，因为痛而缩了一下，赶紧把它扔进冰水里。

每个学生都轮流处理鱼片，所有学生烫到手指时都有些退缩。卓南宣布休息十五分钟。

凯特的手指还很痛。这个上午真是漫长，她闲晃到火炉旁，拓美正在顾他那锅汤。他朝凯特微笑，舀了一碗汤给她。一只鱼头朝上瞪着她。

凯特从小就不吃鱼肉。她犹豫了一下，然后啜饮一小口汤。她又喝了一口。她把鱼头拿出来，一点一点吃掉。

“真棒！”凯特说。

拓美点点头。他认为鱼头含有最美味的鱼肉，因为下颚和鳍的肌肉一直都在用。他示范给凯特看如何用筷子从鱼头取出最好吃的部分，然后他在碗中搜索了一下，把鱼眼抽出来。

“这个很好。”他说，一口吞下。

卓南叫全班同学回去继续上课——要用真鲷鱼片来做生鱼片和寿司了。把手指上的脏污用热水冲掉消毒后，呈现真鲷的关键就是把鲜艳的煮熟鱼皮面展示出来。

“西方客人看到鱼皮时，”卓南稍早曾告诉大家，“他们会说‘咦’，所以你们必须教育客人。”

凯特仔细端详她那闪闪发光的真鲷鱼片。在纹理分明的鱼皮下，鱼肉是透明凝胶囊状肌肉的细胞间质。

多数生物的肌肉分成两类：快肌和慢肌。快肌是短跑选手——肌肉动得快，但也很容易耗尽；慢肌是马拉松选手——肌肉动得慢，但能够持续很久。

快肌颜色很淡，或呈半透明。感恩节晚餐中的火鸡白肉是快肌——火鸡只会很快突然挥动一下翅膀而已。火鸡大半时间都走来走去，所以它们的腿是慢肌，肉是深色的。很多哺乳类动物（包括人类）的肌肉有双重功用，包含两种纤维。

鱼的肌肉应该大部分是由慢肌纤维组成，因为鱼不断地游来游去。鱼在水中慢慢游很容易，但是如果它想游快一点，水的密度会突然像面墙般撞到它。阻力随速度呈指数增加。

这表示对多数鱼来说，它们时常使用的肌肉几乎不受注意——只是一对细小的深色纤维，在身体两侧游动，通常就在皮表正下方。比如说，鲑鱼排的横切面有小块三角形深色的肉紧贴两侧的皮。这些就是鲑鱼平时游泳时最常用到的慢肌纤维。假如鱼从不需游得很快，它们就会都是细窄的箭杆状。

鱼其他的肌肉依品种不同，有 60% ～ 90% 不等，是储存紧急力量的淡色快肌纤维，当鱼必须全速前进时，就要用快肌纤维冲刺。快肌纤维在短程、快速的冲刺上作用很好，因为它们预先储备的碳水化合物可供给燃料。纤维里的酵素将这种燃料转换成快速能量。这种转换发生得很快，纤维不久就耗尽氧气供给。没有氧气它们还可以运作一会儿，但不能撑很久。它们很快就因为要补给燃料而停工，冲刺就此结束。

相较之下，慢肌燃烧脂肪作为燃料，需要很多氧气。这些燃烧脂肪的工厂雇用“货运卡车车队”，去接氧气，把它们带到工厂，这样它们就不需停工。这些“卡车”叫做肌红蛋白，而工厂里部分使用氧气燃烧脂肪的“机械”，则是叫做细胞色素的蛋白质。肌红蛋白和细胞色素都拥有一种钩，能紧握住氧气，这种钩的成分是铁。这些含铁的蛋白质是红色的，不过经过烹煮会变成褐色。这就是深色肉呈深色的原因。

凯特正在看真鲷上的淡色肌肉，这块肌肉几乎完全由快肌组成。寿司里的白鱼类，如鲷鱼、真鲷、比目鱼等，含有特别高比例的快肌。

这些鱼不太会进行长途季节迁徙，所以它们不需像青花鱼、鲑鱼或鲔鱼那样，在体内储存备用脂肪。由于这些原因，传统上很多日本吃寿司的人比较喜欢这些白鱼。凯特的鱼片上呈凝胶囊状的肌肉，代表清瘦、清淡的肉，吃起来的口感几乎是酥脆、易咬断的。

日本人喜欢鲷鱼，尤其喜欢它清爽、甜美的滋味。鲷鱼不符合鲜味的标准，它的单磷酸核酸只有鲣鱼的四分之三。但鲷鱼富含滋味甜美的氨基乙酸，含量超出鲔鱼三倍以上。

“这种鱼吃起来很美味。”卓南一边从鱼片上切下做寿司的薄片，一边这么说。他捏了一些真鲷握寿司，在托盘上排成一列，在每个寿司上放上一点点神秘的绿色糊状物。

“吃吃看。”他说。

凯特吃了一个，味道跟她吃过的鱼都不一样，没有鲑鱼或鲥鱼的肥厚感，鱼和鱼皮的温和甜味混合了神秘绿糊散发的独特韵味——感觉有酸橙、丁香、牛至和一种香料。她满脸疑惑，这是她整学期以来吃过的最美味的东西。

卓南看起来很开心。他揭露秘密，那个绿糊是用柚子磨出来的，这是种珍贵的亚洲柑橘类水果，风味绝佳，糊里还加了一点绿辣椒粉。这绿糊完美提升了真鲷的甜美。

学生练习用鱼片做握寿司。凯特用柳叶刀切薄片，这是她本周第三次用这把刀，但刀锋还很利。

卓南在室内巡视，看学生做寿司，他摇摇头。学生们站着弯下身子，翻转捏握寿司时都离脸很近，仿佛近视的老太太在补袜子。

“你们看起来全都像这样。”卓南弯腰驼背，双臂动来动去，做出一连串埋头苦干的夸大动作。

“站好，手举高，动作要小，效率要高。把鱼举高——”他在空中举起一片鱼，“——然后做出饭团。假如握寿司还没做得很好，需要多捏几下，要像这样做。”他身子站直，手臂往前伸展，在手掌上翻转握寿司：“这么做，客人会认为你是忙着在做好寿司，而不是试图修补你的坏寿司！”

卓南四处巡绕，像个募兵人员般大喊：“要有信心！要自豪！我要尽我所能做到最好！”

下课后，凯特恭喜自己。她今天做到了自己不可能做得到的事。当其他人磨刀时，她脱下制服，收好工具和刀盒，把苹果留在寿司吧上，走向大门。

卓南看着凯特，他注意到凯特下课后都没有留下来磨刀。

他跟在她身后叫住她：“磨刀！”

凯特转身，但没有停下来：“啊？”

“你今晚要记得磨刀！”

凯特点点头说：“好！”

第三十二章
料理鲥鱼

凯特根本没有磨刀，她认为它们还够锋利。隔天早上她走进教室时，她注意到苹果不见了。几分钟后她遇到卓南，他说：“我吃了你的苹果。”

卓南点名时，凯特大口喝着黑色大罐装饮料，小罐装的红牛饮料再也不管用了。今天早上她改喝两倍量的咖啡因饮料——怪物能量。罐子的一边写着：释放野兽，就今天搁在冷藏室等着她的东西而言，这话还蛮贴切的。

“你们今天会玩得很开心！”卓南说：“知道鲥鱼在日文里怎么说吗？”

鲥鱼是寿司中最受欢迎的鱼种之一，但即使是寿司迷对于它的名称也没有达成共识。首先，某些种类的比目鱼和真鲷也叫做鲥鱼，不能与之混为一谈。

卓南大笑：“这真的会让人很混淆。”

他在白板上写下：

鲥　苗——2.5 厘米～ 5 厘米的鱼苗

稚　鲥——5 厘米～ 15 厘米

幼　鲥——15 厘米～ 41 厘米

壮　鲥——40 厘米～ 60 厘米

五条鲥——成鱼

鲥鱼是日本人所谓的“升鱼”。这种鱼在成长过程中经历不同的生命阶段，鱼的名称也随之改变，因为这种鱼每个阶段尝起来都不一样。吃幼鰤（往北游数年去觅食的幼鱼）与吃五条鰤（往南游去产卵的成鱼）不同，即使它们是同一种鱼。“升鱼”这个词源自古代佛教用语，是指成为僧侣的年轻人。

更复杂的是，日本不同地区的人还给各个阶段的鰤鱼取完全不同的名称。卓南列在白板上的名称是东京地区的人所使用的。京都的人不是把鰤鱼的成熟过程分成五级，而是七级，而且用七种跟东京术语无关的名称。日本其他地区的人还有不同的名字。竟然有人能走进日本餐厅点这种鱼，真是让人称奇。

还有一个很复杂的部分。在日本西部，大家以前一度用青甘指称未成熟鱼的第四阶段。卓南解释，现在青甘就是指养殖鰤鱼，因为养殖者在它们成熟的高峰收成渔获。

“不要说养殖，”卓南告诉大家，“这样听起来很不专业，要说培育。”

日本人长久以来都在冬天捕猎野生鰤鱼，尤其是在日本海捕获的五条鰤，它们在丰富的北边海域觅食多年后，往南前进。这时的鰤鱼风味佳、肉质紧实又肥润——仅含将近 20% 的脂肪，虽然它们带有线虫幼虫，而且肥肉腐烂得很快。用五条鰤做寿司并不特别普遍。

在 20 世紀 70 年代，鰤鱼养殖场开始全年供应大量肥鱼，日本人的饮食也开始变得比较油腻。现在，与美国的情况一样，日本寿司吧的客人通常比较喜欢像奶油般柔软的养殖鰤鱼肉，即使滋味比不上野生鰤鱼。养殖的鱼约有 30% 的脂肪，遵循寿司传统的人认为这样的脂肪太多了，卓南就是这样，他不吃养殖鰤鱼，他说太油了。

卓南对学生概述鰤鱼养殖。在野外，鰤鱼在日本西南部外海产卵。它们的鱼苗（小鰤苗）集中在漂浮的海草丛中。还有七十几种其他种类的小鱼住在海草中，但鰤苗最占优势，每条鱼大约只有十克重，渔夫很容易活捕鰤鱼苗。

在野外，这些鱼苗逐渐成长得更大，它们在稚鰤、幼鰤、状鰤的成熟过程中，花费数年时间长途游泳、捕食猎物，最后成为五条鰤，被捕获作为冬季美食。但事实并非如此，它们的生活比较近似产生食用小牛肉和肥鹅肝酱的生活。养殖鰤鱼和养殖鲑鱼一样，在大部分情况下，都很好吃懒做。

养殖鱼的人一天喂鱼苗三四次。小鱼很快就长到原来重量的一百倍。养殖者为鱼注射疫苗，因为在拥挤的环境下，疾病的危险不断。然后鱼就会被转移到漂浮的围栏里。

疾病不是唯一的问题。人类喜欢吃鰤鱼，但鰤鱼也喜欢吃鰤鱼，这使得它们成为一种很难管理的鱼种。夜里当鱼停止游泳、在水面漂游时，养殖者会把它们拣选、分隔，依尺寸大小放到不同的围栏里，这样大鱼才不会把小鱼吃掉。

每天养殖者将饲料投进围栏里。这种饲料和鲑鱼养殖者用的饲料丸很类似，里面包着磨碎的肥鱼肉，如青花鱼、鲱鱼、沙丁鱼、鳀鱼等，通常还额外加上油脂和维他命。

鰤鱼吃了那么多这种饲料，又很少运动，累积下来的过量脂肪，实际上会削弱它们联结胶原纤维的细胞间质，无法让肌肉紧实，所以养殖鰤鱼肉质才会这么松软。

研究者进行了完整的养殖鲑鱼调查，显示养殖鲑鱼比起野生鲑鱼，从饲料中累积了高出很多的多氯联苯。尽管很多人吃高脂肪的养殖鰤鱼寿司，但到目前为止，鰤鱼还没有成为类似研究的对象。如果养殖鰤鱼也有同样的问题，倒也不足为奇。

多数用在寿司上的鰤鱼，不论地区、餐厅类型或消费价格，都来自同一群鰤鱼养殖场，地点在日本西部外海一带。现在养殖鰤鱼占日本所有鱼类养殖事业的七成。日本市场上只有四分之一的鲥鱼仍是从野外捕获而来。

“红鲥是精瘦的野生鲥鱼。”卓南继续说，红鲥是青甘的一种近亲鱼种，“假如客人想吃鲥鱼，但不要那么腥、那么肥，你们可以给他们红鲥。”

但是水产养殖公司也开始生产肥厚的养殖红鲥。不久，精瘦和野生这两个词可能就再也不能用来形容鱼了。

卓南面带笑容，说：“今天我们有三种鱼，三种大鱼。一种来自日本，可以拿来生吃，另外两种我们只要练习处理就好了。”从日本空运来的养殖鱼比南加州的鱼还新鲜。

卓南从冷冻库拿出比较新鲜的日本青甘，这鱼已经去掉头和内脏，尾巴还完整无缺，不过颜色不是特别黄。卓南告诉学生，为了减轻重量，多数鲥鱼运送前已先去掉鱼头，青甘鱼身大约 60 厘米长。

他轻轻地把鱼放在砧板的毛巾上，用另一条毛巾擦拭。凯特很欣赏这鱼光亮的表皮，她很惊讶这鱼大老远从日本来，看起来竟如此新鲜。

卓南说：“很多美国客人吃青甘，但却说他们不要吃青花鱼，让我觉得莫名其妙。我认为这鱼比青花鱼的腥味还重。”他的手抚过鱼的表皮：“首先，去除鱼鳞，对不对？”

他用刮鳞器刮过鱼身。凯特对恐怖的刮除声作了防备，结果声音并没有出现。刮鳞器只是轻柔地来回滑动，卓南抬头看看学生，解释道：“它的鱼鳞非常小，刮鳞器派不上用场。我们必须把它们切断。”

鲥鱼的鳞片不像青花鱼的鳞片那么小，这对师傅来说很不方便——

鳞片太大不能吃，但又小到没办法刮除。卓南用柳叶刀轻轻地从鱼表面锯过去，仿佛在剥大芒果的皮。细长片状的外皮和鳞片一起掉落。

“好了，让我来示范其他鱼。”他带学生进入厨房。他在厨房桌上放了一组超大的泡沫塑料砧板，然后消失在冷藏室中。

当卓南再度出现时，他手上拿着一条完整的鱼。这东西约有 90 厘米长，所有器官都还在，包括头在内。卓南“砰”地一声把它放在其中一块砧板上，又回去拿第二条鱼，看起来跟第一条没有两样。这些鱼的尾鳍是很清晰的黄色。

“这些鱼很便宜，”卓南说：“大约每千克 4.5 美元——一分钱一分货。”他在鼻子前挥挥手，说：“哇，它们真臭！”拓美大笑着点头。

“你们什么都不能做，”卓南说：“除非先把鱼鳞刮掉。祝你们好运！”

好运？就这样？凯特瞪着这条巨大的鱼，然后犯了一个错误——用鼻子吸气。一位同学开始从旁边锯，把鳞片切除。鱼表弧度非常陡，所以他一次只能切下一小块区域的鳞片。

他走到旁边让凯特试试看。凯特拿起柳叶刀，但却无法运用自如，难以切向预定的位置。这把刀昨天起就有点钝了。她推得太用力，切进肉里了。她退却了，走到旁边，留下一道深长的切口。要把这么大的动物皮剥掉，比较像是在剥人皮，而不是剥鱼皮。她的同学花了 15 分钟才完成一面。凯特在旁边观看。

“鳞片的作用是什么？”她问。

这是个好问题。

好几亿年前，海虫为了安全而躲进泥浆里，但是当它们往鱼类进化时，它们开始游到外面。它们进化出保护身体的盔甲。最早期的鱼叫做盾皮鱼，这个字是从希腊文的“甲皮”而来，这种鱼在头部和颈部有很大的骨甲。

盔甲保护层的问题是很笨重。鳞片是在折中情况下逐渐进化形成，比较没有保护功能，但比较自在，速度和灵敏度也提升了好几倍。鳞片很好用，以至自然界到处都有鳞片。蛇的身体就覆盖在鳞片里；鲨鱼进化出跟鱼不同的鳞片；昆虫也是，把鳞片运用在翅膀上。

有些鱼有很独特的鳞片，有些鱼则完全没有鳞片，也有些鱼随生命阶段失去或长出鳞片。通常遵循犹太教规的人绝对不吃这些鱼，《摩西五书》认为鳗鱼就是不符合犹太教教规的食物。有些犹太教祭司认为剑鱼不符合犹太教规，因为它们幼年时就失去鳞片，以便尽可能游快些。

卓南看着学生用手工锻造的刀子把鲥鱼身上的鳞片切下来。这个工作很费力。

"你们能相信吗，现在都 2005 年了，"卓南说："而我们还在用这种技术？"

他走到水槽边，拿着一个钢丝绒刷回来。卓南说："这不是日本的方式，但实际上你们可以用这个。卖很多青甘的餐厅，多半都没有时间，所以他们用这个。"他看看手上的钢刷说："这蛮管用的。"然后他把它收起来。学生还是用日本方法做事。

卓南环视室内，双手插腰："哎，我一点都不期待把内脏拿出来。待会儿会很臭喔。"他转向凯特，"快啊，凯特，我还没看到你做。"

凯特很犹豫地走向那条大鲥鱼。她再度从表面锯过去，钝刀前进了 5 厘米，然后再次切得太深，看到肉了。她眼睛往上瞄了一下，不过卓南已经离开房间了。有位同学插手，把鳞线摆回表面。她再试了一次，这次她前进 10 厘米了才停住。她转向身旁的同学。

"换你了。"她说。

对另一条鱼，其他同学处理得也没好到哪里去。那鱼看起来就像个烫伤的受害者。

卓南拿着一支奇异笔再次出现。

“注意啦，帮鱼刺青的时间到了！”他在鱼头后面画了一条虚线，指出斩首这只野兽的最佳路径。他退开来。凯特的同学沿着这条线往脖子锯下去，画开一个深长的切口。他转向凯特：“想不想看一眼？把你的手伸进去？”

凯特不顾自己的意愿，还是探头去看了看那个切口。她连忙用手捂住嘴巴，往后退。同学继续锯，发出嘎吱嘎吱的声响。凯特摇摇头。

“我受不了那种锯到骨头的断裂声。”她说。

他没办法让刀子整个锯穿厚实的脊椎。他放弃了，改沿着腹部切。膨胀的器官突然涌出，看起来好像意大利蒜味香肠。大量的卵滑到眼前，外面包覆着紫色网状血管。那股恶臭实在让人无法忍受，凯特捏住鼻子：“太——恶——心——啦！”卓南大笑。

同学用手指仔细沿着内脏摸索，试图找出最好的方式把它切除。卓南插进来，用手直接一把扯下这些器官，丢进垃圾桶，血和几团组织溅得砧板上到处都是。

现在要去骨切片了。像鲥鱼这类管状的大鱼，需要比较复杂的去骨切片计划，不是三片分解那么简单。

卓南拿着一把去骨切片刀，沿着鱼的边缘描出很长的切口，然后深深切下去。他把鱼的一整侧移除。接着，他在钉骨两侧纵向各切两刀，把鱼肉分开。

卓南做出两个长形的鱼块，横切面约略呈三角形，到尾端逐渐变细。每个长形鱼块约包含鱼四分之一的肌肉块。生意繁忙的寿司吧一天可能会用掉一两块这样的鱼块。

这种去骨切片计划叫做五片分解，会产生四大块肉和骸骨。学生尝试从另一侧去骨切片，然后再处理另一条鱼。当他们完成时，卓南抓着其中一尾的骸骨尾巴，悬荡在垃圾桶上方。

“看看这些你们要丢掉的肉。”他说。假如这些学生是在餐厅工作，这些去骨切片很可能让他们丢掉工作。卓南松手，骸骨就掉进垃圾堆中了。

学生刚经历过的每件事，在每间自行处理鱼的寿司餐厅中，每隔几天就会发生——不同的是，他们的速度比学生快四倍，处理的鱼也比他们多。任何寿司吧后方的厨房，大屠杀都是快速而猛烈的。

古时候寿司师傅用昆布包裹鱼片，现在寿司师傅则用保鲜膜把整块寿司料紧紧包起来，这样放在冷冻库才不会变干。在哈玛荷摩沙，师傅每个月要用掉将近 2 500 米的保鲜膜。

凯特在寿司料盘上铺上纸巾。卓南把鱼厚片放进盘中，他说明每片肉上色泽的差异。多数肉是淡色的快肌，但有几片鱼肉的边缘是深紫色的——这是铁存在的明证，是利用氧气持久游泳的机制。这些深肉部分合起来组成细长条状的慢肌，延展到鱼身两侧皮表下。

卓南说：“美国人不喜欢这种肉，假如这很新鲜，日本客人就会吃。”

而颜色比较淡的快肌包含肌肉弯曲倾斜的部分。慢肌沿着鱼身平行排列，鱼的快肌则以几何图形的复杂薄片相互套叠，与鱼的中线交错高达 45 度角，沿着鱼身形成一系列螺旋轨道。这个几何学绝对标准，所以沿着鱼身长边的所有纤维在某一点会收缩聚合，不论它们与脊骨的距离远近。这使得力量可以运用到最大极限。

卓南挺直身子笑着说：“这不是很好玩吗？”

一整个上午的血腥暴力后，学生突然陷入一片沉思的宁静气氛，用宰杀好的鲥鱼做生鱼片。他们会记得不要吃，因为这不新鲜。有个客人没有这种觉悟，一只家蝇在桌边嗡嗡飞舞，停在生鱼片上品尝，显然它食欲很好。

凯特试着用柳叶刀从鲥鱼上切下一片纤维，结果徒劳无功。卓南突然出现在她身旁，他拿出一把量产的便宜刀子。

“用这试试看。”他说。卓南靠在桌边，盯着凯特试用那把便宜的刀，刀直接切穿纤维。

“你的刀不锋利了。”卓南说。密集使用三天后，凯特的高碳刀已经失去它的优势了。

“我要你今天下课后留下来，我想看看你怎么磨刀的。”

“你之前看过了。”凯特说。

“嗯，你显然有什么地方没做对。”卓南说。

凯特突然缩了一下，她放下刀子，左手紧握，拇指紧紧压着食指。她终究还是切到手指了。鲜红色的血液渗了出来。她连忙去拿创可贴，卓南阻止了她。

“小凯，不能把你的鱼这样晾着。”她有点迟疑。卓南继续说：“我看得出你这样死不了的。你没有切到主动脉，不是吗？”凯特摇摇头。

“好，那么先把你的鱼收好。绝不可以让鱼这样晾着。”

当凯特回来，照料手指伤口时，卓南对全班说：“各位，老实说，今天你们的刀子，是我在任何班级中所见过最利的，你们做得非常好。”他停顿了一下，“小凯除外。今天大家要协助小凯磨好她的刀。她要把刀子都磨锋利了才能回家。我们得一起帮她。”

然后就这样，凯特再度变成什么都做不好的怪丫头。几分钟后，趁着没人注意，她合上刀盒，悄悄溜出这栋大楼。

第三十三章

扁平的比目鱼

只是简单几个字，卓南就把凯特拉回到开学第一周。她仿佛还没度过开学第二天，那时卓南当着全班的面怒吼：“你的刀子真糟！”最糟的是，那还是她的错。

隔天早上她很早就到学校了，帮忙洗米、煮饭。卓南介绍当天课程时，她伶俐地绕着白扁柏木桶移动，把醋拌进饭中。

“今天我们要做鲆和鲽，”卓南说：“它们有什么不同？”

一位学生大胆猜测：“丑度不同？”

“嗯，或许吧！”卓南打开这两种鱼。它们看起来好像被压路机辗过。

鲆和鲽这两个日本名称所指的鱼，美国人依地区和品种不同，称之为比目鱼、大比目鱼、大菱、鲽鱼、欧鲽等。不管名称是什么，它们的重点就是全都是平的——和松饼一样平，而且看起来真的很怪。它们的两颗眼珠子都在头的同一侧，嘴巴开口在侧边，就像毕加索的画作一样。

卓南指着这两条鱼，一条大，一条小。“你们可能会说尺寸不同，但还有另一个差异。”这可把学生难倒了。他说，“看到这没？小条的面向右边，大条的面向左边。”

因为比目鱼长得如此平坦、怪异，所以多数人都没有注意到这个明显的特征，这个特征把五百五十几种比目鱼品种分为两大类，它们朝向不同的方向。更让人混淆的是，至少有一种比目鱼两种方向都有，叫做星斑川鲽鱼。在加州外海，一半的星斑川鲽鱼面向右边；在日本外海，所有的星斑川鲽鱼都面向左边。

日本人把多数左侧比目鱼叫做鲆，多数右侧比目鱼叫做鲽。最好的区辨方式就是从价格标签来看。日本的寿司吧中，鲆有比较美味的名声；多数鲽比较便宜，日本人多半把鲽煮熟吃，较少生食。

比目鱼这个族群离化石纪录没有多远。但就某方面来说，它们也没必要。比目鱼本身就是演化过程显著的证明。它们揭露了演化的最佳情形——也呈现出最糟状况。

对想把不设防的海虫当午餐吃的鱼来说，在沙上平躺还蛮有道理的。那样一来，鱼看起来比较不像掠夺者，而比较像岩石。经过一段时间，虽然鱼都侧躺模拟岩石，但较平坦的鱼比较成功。不久，它们变得很平，扁平的身体很容易在沙里隐匿。

比目鱼也以这种方式进化，结果两颗眼睛都移到身体的同一侧了。毕加索可能会认为这样很美丽，但一般不认为这种进化能算进步。如果一个小孩试图以两颗眼睛长在鼻子同一侧来通过小学测验，想象一下这个情景就知道有多么糟糕了。

星斑川鲽鱼有的左倾，有的右倾，在此案例上，左倾比较怪异。在所有脊椎动物中，视觉神经从右眼传递讯息到左脑，从左眼传递讯息到右脑。在左侧星斑川鲽鱼身上，这些视觉神经相互缠绕两次。

星斑川鲽鱼可能左倾或右倾，还有一种南方比目鱼可能偏雌性或偏雄性。它们会转向哪个性别有部分是根据水温。热会造成雄性。如果当地的水温偏低，胚胎就比较容易转成雌性。

对日本人来说，鲆是非常高级的鱼，街头寿司摊贩很少贩售。20 世纪大半时间里，鲆与鲷鱼一样，在日本高级寿司店都享有最重要的位置。这一点可能让人很惊讶，因为比目鱼的风味没有多数其他鱼种好。它们很少运动，多数时间都闲躺着模仿沙地。

寿司行家欣赏比目鱼有几个理由：一个是它们温和的味道。虽然多数比目鱼的肌肉缺乏高浓度的风味成分，但比目鱼的确含有各种有趣的氨基酸。另一个吸引人的地方则是口感。比目鱼的肌肉含有很高比例的联结蛋白质，叫做弹力蛋白，形成日本用餐的人所谓小黄瓜的口感。这个词是指结合易咬、有弹性、肉质紧实等特质。另一种具有小黄瓜口感的范例食物是稍微煮过的花椰菜或芦笋。

很多日本人喜欢生比目鱼爽口的感觉和逐步散发的纤细滋味。品尝比目鱼寿司或生鱼片要缓慢、完整地咀嚼，才能品其真味。有些专家建议大家吃比目鱼寿司时，眼睛要闭上，以完整品味其口感和种种风味的纤细交融。

比目鱼寿司还有一个额外的吸引力，日本人认为这是所有寿司的最佳特色之一。

有些美国人认为鲔鱼肚是日本寿司登峰造极之作，其实有所误解。卓南指向较大条的比目鱼身体的最外缘。

“缘侧，”他说，“内收肌是道佳肴。日本客人吃鲔鱼肚前会先吃这个。”

很多种类的比目鱼游泳时不用它们身体的主要肌肉。事实上，它们根本就很少弯曲脊椎，而是进化出连续的鳍，延伸到扁平身体的每个边缘，而且沿着每个鳍的底部还有一排特殊的肌肉。这些鳍的内收肌呈波浪状起伏，推动鱼前进。这些鱼像气垫船一样越过沙地漂浮。

“缘侧”是建筑学上的用语，指环绕在传统日式房屋外围的走道，类似走廊。早期日本渔夫显然是看到环绕着比目鱼外围的边缘鳍，觉得两者很像。缘侧肌肉含有较多的弹力蛋白，所以它们还更难嚼，但也比较有风味，因为这部分经常运动。此外，这部分的脂肪也比较丰富。比目鱼主要身体部分有 1% ～ 2% 的脂肪，缘侧则有 15% ～ 20% 的脂肪。

在美国，大多数人都没听过缘侧。有些鱼肉供应商很清楚这一点，会把缘侧留下来用。有时这部分在英文中指的就是背鳍肌。实际上，既然比目鱼是一种侧躺的普通鱼，那么严格说起来，所有缘侧的一半算是肛门鳍肌。但这不是寿司师傅强调的重点。

卓南说：“鲽是本地的，所以我们不打算吃它。我们将生吃搭飞机飞了数千公里的鱼。”

卓南又拿出八条右眼比目鱼，每条大约有 25 厘米长。他还拿出三条，是前者两倍大的。每位学生都拿了一尾小鱼。

与鲥鱼一样，比目鱼的鳞片很小。再一次，学生将鱼去骨切片前，得先把鳞片切除。他们的刀子不断滑开和切进肉里。有位学生暂停，先在磨刀石上把刀磨锋利。

马可斯停下来，站直身子，双手垂到身侧。他叹口气说：“这实在很难啊！”

“有没有人沮丧极了？”卓南问道。马可斯举手。凯特看起来闷闷不乐，她也举起手。卓南拿着前一天给大家看过的钢刷过去。他很亲切地对着凯特微笑，低声说：“不要说出去。”她拿着钢刷先转个身，然后在水槽里用力擦洗鱼。

接着卓南示范如何清理比目鱼。

卓南把鱼腹切开时说：“鱼里面有很多内脏和血。”血和器官喷到卓南的金属托盘上。凯特闪开眼神不想看，不过接着她又转回来看。卓南说明要如何把比目鱼去骨切片，同时仍保留珍贵的缘侧——沿着鳍的内收肌。

“看到这条线了没？那是它的脊椎。沿着脊椎切一条线。”卓南画下一个切口直达中线，把切口切深，然后把刀子沿着鱼的边缘切，一再切在肋骨的方向。他每刀切下去都把肉拉离骨头远一点。他这么小心作业是为了不伤到缘侧，之后他切出四块鱼片——顶部两侧各一片，底部两侧各一片。比目鱼跟大型管状鱼一样，适用五片分解法。

卓南沿着边缘把鱼皮剥掉，露出缘侧。内收肌是由一长片闪亮的透明鱼肉的淡色尖囊所组成。学生各自工作去了。凯特很难切下第一刀，她看看四周，清了一下喉咙。

“卓南，你能帮帮我吗？”

他走过去，拿起凯特的三角形去骨切片刀。他帮她切了一片，只切到一半，然后把刀子交给她，笑着说：“看，很容易吧！”

卓南巡视全场，“你们比较喜欢哪个？”他问，声音听起来很愉快，“切鱼、做寿司，还是烹饪？“

“切鱼。”凯特用很讽刺的声调说。

卓南轻声笑了起来。他在室内又多绕了几回，检查学生的成果。他回到凯特的工作台。

“拓美和凯特的鱼片切得最棒，”卓南说：他从凯特的肩膀望过去检查鱼片，“非常好！”

凯特凝视着卓南的背影，看着他走开。

拓美把他的鲽去骨切片好后，尝试要处理比较大的鲆。当然，他把鱼头留了下来。他也在大鱼的内脏里仔细翻索，找出一个形状像耳朵的粉灰色器官。待会他会用清酒浸渍这个东西，加酱油一起磨成膏状，把这个当作调味酱使用。在日本，把鲆生鱼片和这鱼本身的肝脏磨成膏状后一起食用，是道美味佳肴。

卓南突然大声发出指示，“三分钟后，我要大家都准备做小黄瓜卷！”他大喊：“快点，快点！”

凯特咬着牙，赶快去准备做寿司的东西。有几个学生跑去冰箱拉出一堆小黄瓜。卓南抓了一根，自己开始切了起来。马可斯还在心烦意乱地摆弄比目鱼。

“马可斯，快点！”卓南喊道，“客人刚点了小黄瓜卷！”没有回应。卓南气愤地瞪着他。马可斯回过神来了！卓南开始倒数计时，“十、九、八……三分钟后，我要你们的盘子上都有两个小黄瓜卷！”

学生的手指沾一下水，拍一拍，着手做卷。一堆小黄瓜散落在大家的砧板上，海苔和醋饭的味道弥漫室内。当他们差不多完成时，卓南打断了他们。

“好了，停下手边工作，”他说，“你们的工作台干净吗？接着要做加州卷——一个太卷和一个里卷。”

卓南再次倒数计时：“十、九、八、七……开始！“

拍手声不时打断满室沉寂。卓南手放在背后，巡视全场。“凯特，”卓南喊道，“切片要再下点功夫！”

她皱起眉头，低头继续工作。学生陆续完成卷，从桌子走回来。“这样有没有警觉些呢？”卓南喊道。他检视桌子，垂下头，轻声说道：“我只是想在离开前看你们做寿司。”

清理时，卓南离开上楼去了。当他回来时，宣布了一件事：“明天有个筵席的实习机会，谁去？”

“我！”马可斯说，他非常需要实习时数。

“上楼和俊谈谈。”

此时，凯特强迫自己把刀子磨锋利，卓南在她身旁徘徊。

她完成后，换回紧身牛仔裤和运动背心，大步走向停车场，从车里拿出一个足球，用力踢向餐厅墙壁。她很气馁，对卓南也很灰心。他好像故意先给她一点鼓励，接着再批评她——帮她树立信心只是为了要把她踢回去。同时她也知道他是在试着帮助她成功。她的缺点对事情一点帮助都没有，尤其是她那该死的刀子。最重要的是，杰夫还没回复她夜总会的工作职缺结果。她担心杰夫觉得她不够好。

马可斯穿着厨师裤、T 恤，赤脚走到外面。他边抽烟边观赏凯特突然秀起全套花哨的足球动作。她弹跳、冲刺、用脚和膝盖耍球，粉红色的丁字裤上缘从她的裤腰露了出来。

“凯特，”马可斯脱口而出，“你应该搬来跟我住！”

凯特大笑，她提议一起去她最爱的犹太熟食店吃午餐：“我们得进城去，你想去吗？”

“哦耶，去啊！”马可斯说。

十分钟后，他们坐上凯特的福特野马汽车，摇下车窗，飙往高速公路。凯特打开立体音响。

“我知道卓南要我哭，”在音乐声中她这么说，“我才不哭呢。”她噘起嘴唇，摇摇头，几分钟后她又说：“我爸妈认为我是长期低成就者。”

“他们怎么不说你很懒？”马可斯说，“一定要想出某种医学症状吗？”

“对啊！”凯特大笑。她用手指在方向盘上轻敲：“明天的筵席是怎么回事？”

“我不知道，”马可斯说，“俊只说会有些名人来。”他想象自己身处电影拍摄场景。“珍妮佛·嘉纳小姐，你要来点寿司吗？不过你得给我你的电话才行。”

凯特大笑说：“她已经怀孕了喔！”

“喔，对哦！”他皱眉，头随着音乐摇摆。

他透过挡风玻璃凝视着外面，外头薄雾中某处就是好莱坞。马可斯轻声说：“我以前从没遇到过电影明星。”

第三十四章
往日荣耀

那晚是哈玛荷摩沙几周以来首度生意火爆。服务人员不用走的，而是用跑的。客人在玄关大排长龙。在前寿司吧后方，卓南、菲和主厨哲像碉堡上的机关枪炮手，飞快地发射寿司到用餐区。哲看起来还是很像熊，但没那么睡眼惺忪了，他从寿司料柜抓出鱼来，仿佛一头灰熊从河里捕捉鲑鱼般；卓南低头工作，尽速做出点菜单的要求；菲则试着赶上进度。

在后面房间里，俊看起来很开心、很放松。他在后寿司吧接待十位客人，仿佛回到往日时光，餐厅狂热的活动在他身边打转，在所有活动的正中央，俊是让人愉悦的平静之岛。他把一切都看在眼里，持续注意客人、女侍和师傅。他把精心制作的主厨推荐菜色摆好，再把装清酒的玻璃杯倒满。他的动作华丽炫耀，散发出舞台的风采。每隔几分钟，他就会笑着跟客人敬酒，对员工大声吼出指令。法兰克·辛纳屈充满柔情的歌声透过音响流泻出来。

一位女士和男伴漫步到后面房间。

“俊，你好吗？”她用长而尖的声音说道。

“太好了！”俊大声回应。他们坐了下来。俊回过头大喊：“菲利佩！毛巾！毛巾！”

这名餐厅杂役马上带着热手巾出现。

俊准备另一份主厨推荐时，有位坐在吧台的男士说：“俊，能来点更振奋人心的吗？”

俊在吧台后转身大喊：“席拉！音乐！”

领班出现了，她穿着一件红色紧身运动背心，衣服横跨胸口部位用哥德体字型写着“Fuck Off“。她趾高气扬地走到立体音响旁。辛纳屈的歌声被嘻哈音乐的重击乐声取代。

吧台那位男士一面和着节奏一面点头打拍子。俊为那位男士的杯子加满清酒。他伸出一根手指对着俊摇了摇，大声说：“俊，你真是坏、坏、坏！”

俊咧嘴一笑，举起杯子说：“干杯！”

客人大叫、大笑，彼此拥抱，跟俊开玩笑。俊高举双手超过寿司吧，在空中卷起手卷。他的客人个个屏气凝神，看得痴迷了。俊在空中举起一个酱料瓶，在手卷上喷洒酱汁，更让人着迷。

两位女士带着一个七八岁的男孩，坐在吧台位子。俊靠着鱼柜，扬起眉毛笑着问：“喜欢寿司吗？”

男孩点点头。

“好！”俊说，随手为他捏出一个握寿司。他涂上一点调味酱油，越过鱼柜递给他：“这是鲔鱼！”

俊回到其他客人那边，把清酒瓶推向他们。有位男士挡住他的手，说：“不要了！”

“再來一杯！”俊喊道，脸上现出夸张的怒容。这位男士接受了。他们举起酒杯说：“干杯！”

俊回敬一杯，但是那位男士把他那杯清酒倒到盘子上了。他开怀大笑，笑到脸都红了。俊用眼神指责他，然后也跟着放松大笑起来。

第三十五章
上场服务客人

凯特还需要一些实习时数才能毕业。卓南在周六上午教授半天的公民课程，她登记当他的助理。

那堂课进行得很顺利，卓南没有吼她。唯一不顺的是，下课后她发现自己把钥匙锁在车上了。当她坐在后面的阶梯上，等拖车公司来时，卓南匆匆路过，然后停了下来。他提醒凯特，俊那晚要外出为一个电影拍摄场景做餐饮服务。后寿司吧会有个工作台空下来，她想要上场吗？

凯特感到一阵兴奋。通常在午餐时段，拓美是唯一一位获准于寿司吧后服务客人的学生，就像师傅般。她点点头说要。

那天晚上，凯特在后吧台后方，站在砧板前，双手在背后紧握，脸上带着紧张的笑容，等待客人上座。领班安排头几批客人坐在较有经验的师傅前面。然后有一对五十几岁的客人坐到她的正前方，点了加州卷。

突然间凯特的世界缩小到只剩海苔、饭和鱼。她做起里卷，把它塞紧。这个卷紧密贴合。这对客人似乎很喜欢，他们又点了另一种里卷。接着他们点了鲑鱼和鲥鱼握寿司。凯特照着卓南教过的方式，把寿司料块的展示面朝下。她把鱼切片，把切片的展示面朝上，然后把握寿司捏合。

卓南在前吧台工作，离她很远。在凯特旁边有位日本师傅，一直很友善地注意她。他为她的那对客人加点了一份烧烤鲔鱼肚，由餐厅招待。

那位女客人察觉到凯特是学生，于是跟她闲聊。她告诉凯特，她儿子正在和一位来自日本的女寿司师傅交往呢！凯特开始感到有趣了，她们聊了起来，她又为他们做了更多寿司。

在后方停车场里，俊、拓美和马可斯用水管把货车的灰尘冲洗干净，准备要去电影拍摄场地。

马可斯把货车擦干，转向俊："俊，老兄，咱们去好莱坞钓几个马子吧！"

俊沉下脸来，大步走回厨房。马可斯协助俊和拓美把器具装进货车。不久后，他们就疾驶于六线道上，开往高速公路。俊开车，拓美坐他旁边，马可斯则懒散地躺卧在他们身后的长凳上。十分钟后，俊转向拓美。

"你带饭了吗？"

拓美点点头："有。"

俊叹了一口气说："有时我会忘记带饭。"

"那要怎么办？"

"我们就说：'今日特餐：生鱼片。'"

拓美大笑，然后突然变得很安静，"你让我很紧张。"他伸长脖子转过去看后面的饭，他们两个用日文交谈。

在他们身后，马可斯沉湎于自己的幻想里。他在前往好莱坞的路上呢，可能会在那遇到女明星耶，这真是太酷了。马可斯从口袋里拿出手机，开始拨电话。他对着手机，像冲浪客般，把声音拖得很长，说："嘿！老兄。"他的声音在这台小货车里显得很大声。"是啊，老兄，我要去好莱坞做寿司！"他念出这个字的发音："寿……司。"

俊在位子上挪动了一下，瞄了马可斯一眼。他回头看了一下路，用英文模仿马可斯那种冲浪客慢吞吞拉长调子的说话方式。

“嘿！老兄。”俊说，然后改用日文说：“饶了我吧！”

拓美暗自笑起来。

马可斯又打了一通电话。

“嘿！”他那慢吞吞的冗长语调更大声了，“对啊，我得到这个在洛杉矶的寿司饮食服务的表演机会呢，我们要去好莱坞做寿司！”

俊看看拓美说：“他有点吵。”

马可斯继续讲：“对啊，老兄，我会让你们这些家伙看到我在这玩得很开心。”他停顿了一会。“你这个懒毒虫。”又停了一会，“我有电话，好啦，保重！”

俊哼了一声。

马可斯又打了一通电话。当他挂断时，俊从后视镜看着他，改用英文说：“嘿！马可斯，你该停止打电话了。“

马可斯大笑：“老兄，我得讲话啊！”

俊仔细想了一会：“马可斯，你还在念高中吗？”

“对！”

“你利用暑假来上寿司学校？”

“是啊！”

他们一时都沉默了，然后马可斯开口：“嘿！俊，卓南要离开，真是讨厌。”

“他只是不喜欢你们这些家伙而已。”

马可斯很惊讶：“他不喜欢？”

“开玩笑啦！”

从前方一片阴暗中，俊可以看出白色的大卡车、闪亮的灯光和一大群人。他放慢速度，把货车开往骚动的中心点。佩戴无线对讲机的人把货车拦下来，告诉俊到哪停车。一架直升机在头顶上盘旋，洛杉矶警察局的摩托车警察在站岗。

马可斯看得目瞪口呆，整条街都封锁了，路边停满耀眼的高级名车。其中一辆车里面坐着两个人，周遭闪耀着耀眼的光芒。电影摄影机从不同的角度伸进车中，全身佩戴各种工具和设备的工作人员站在周围，举着布幕和竿子。马可斯没有看到任何看起来像珍妮佛·嘉纳的人。

马可斯和拓美用力把携带式寿司台从货车搬到一个小停车场。他们经过许多移动式摄影车、一大堆三脚架和灯、扁平的黑色工具箱，还有大量钢索。

他们取出 95 升的冰柜和酱油瓶。俊注意到他们的厨师外套还晾在那。“把那些穿上。”他大吼。

一个男子走向俊，问道：“你们在做什么？”

“做寿司给你们吃。”

这个男子放松下来，“真酷。像是加州卷之类的东西吗？”

俊点点头。

俊审视那群在制片厂工作的舞台工作人员和技术人员，然后转向拓美。

“你不说英文，他们会以为这寿司真的很地道。”

他们都笑了。

三位工作人员聚集在寿司师傅这里。一位架起一张约 180 厘米的折叠桌；另一位架起一个高功率的聚光灯，照亮桌子；第三位工作人员则把装满瓶装水的冰柜搬到人行道放好，他看看俊和拓美，说：“寿司，是吗？”

他们架设好时，拓美把刀盒放在桌上，啪地把盒子打开。马可斯呆住了。

“天哪！”马可斯说，“我忘了带刀子了。”

俊很生气地瞪着他："你这个愚蠢的白痴！我的学生，加州寿司学院的学生！你忘记带你的刀子来做寿司？"

"对不起，俊。"

俊咆哮道："是老师！"

"对不起，老师。"

现场变得很安静，技术人员渐渐开始窃窃私语，树丛某处有只蟋蟀发出唧唧的叫声。另一名工作人员走向俊，问道："你们准备好了吗？"

"好了！"

"我是你们第一位客人。我要辣鲔鱼卷，让我辣到哭吧！"

"没问题！"马可斯说，手伸向鱼柜。他做了一个甜筒状的手卷，动作有点迟疑。一位白发男士靠了过来。

"哇，寿司。你们什么时候会准备好？"

俊说："现在就好了，您想要吃什么？"

"统统都要，"那位男士大笑，"这只是我连续第三天吃寿司而已！"他看看鱼柜对面的马可斯，说："金发男孩做寿司？"

突然间寿司摊挤满了人。各种身材、体型、种族的男男女女纷纷提出点菜单，要点握寿司和手卷。俊和马可斯精力充沛地赶工。

马可斯才刚为一位客人上好菜，马上就有人在等了——穿短裤、拿着榔头的女士，穿着宽松长裤和皮外套的男士，穿着夏威夷衫和宽松运动长裤的黑人，单眼戴眼罩的亚洲男子。他们从拍摄场景四处蜂拥而至。

马可斯快抓狂了，不久他就需要休息了。拓美站在桌子后面观看，马可斯跟拓美使了个眼色："嘿，拓美，你要不要加入啊？"

俊拦截了这个邀请："不行！"他对马可斯说："你继续做。"

俊腾出空间，让拓美挤进旁边。

马可斯的手在颤抖，但是他尽可能动作快，在聚光灯的照耀下，他的头低垂，额头闪耀着汗水。电影公司的人盯着他瞧，饥肠辘辘地等待。他们距他只有一臂之遥，一切都看得很清楚。他搞砸了一份点菜单。

“注意点！”俊警告他。

一个绑马尾的可爱女孩往前走到他面前：“我要点两份。”

马可斯几乎连头都没抬就说：“一次一份。”

她微笑说：“好吧，一份鲑鱼。”她看着马可斯工作，“他们在教你吗？”

他大笑：“他们设法教我啦。”

她告诉他第二份要点什么。女孩试图吸引马可斯的目光，但马克斯低头盯着生鱼和海苔，估量接下来还需要什么。她只能向他道谢后离开。

队伍中有个男士，耳朵上接着卷成一团的电话线，很像特务情报人员。他对着别在衣领上的小型麦克风讲话：“我要知道演员何时会抵达现场。”

几分钟后，一群漂亮的年轻女子走进众人视线当中。她们周围的人群都让开来。她们身着20世纪60年代的服饰，这群人的正中央是个很面熟的16岁女孩。她很耀眼，看起来很友善。她走向寿司吧，露出甜美的微笑，问马可斯点了一个素食卷。她饶有兴趣地看着他。

马可斯低头弄生鱼和海苔。他点点头，但没有抬头看，专心地捏握寿司。

俊的手从他旁边伸过来，把那个女孩点的卷递给她。马可斯很快瞄了俊一眼，沮丧地说：“你的动作快多了！”“是你太慢了！”俊吼回去。马可斯还是没抬头看。

那个女孩是艾莉·莎维格，演出电影《小鬼大间谍》的明星。她又看了马可斯一眼，微笑，然后走开，很快丢了一片寿司到嘴里。马可斯从头到尾都没注意到。

所有客人都离开哈玛荷摩沙后，凯特留下来帮忙师傅，把材料收好，把流理台擦干净，清洗碗盘。她以前没做过这些事。当她跳上福特野马汽车，开车回家时，她非常开心，这是她长久以来最快乐的一天。

第八周

寿司技艺再精进

第三十六章
日式威尔刚：鳗鱼

当代寿司用的多数鳗鱼都是淡水鳗的品种。不管怎样，寿司师傅绝不会用生鳗上菜。他们会把鳗鱼煮熟，通常在上菜前会放进烤箱再加热一次。鳗鱼的肌肉含有太多胶原，也就是坚韧的结缔组织，因此无法生吃。烹煮会把胶原变成胶状。

早在淡水鳗成为握寿司料前，日本人就吃淡水鳗了。古东京的店家在客人点菜时现宰生鳗。烤鳗鱼这道菜一直都很受欢迎。即使发明握寿司后，寿司师傅还是不在寿司饭上放淡水鳗，因为他们认为淡水鳗太浓郁、太甜。所以，他们改用水煮的海水星鳗，口味比较清淡。行家仍然认为星鳗和寿司搭配比较好。

在美国，由于寿司流行，才使大家有兴趣吃鳗鱼。这当中有点讽刺，因为鳗鱼是西方菜肴中最古老、最受喜爱的菜色之一，可以追溯到古希腊人。鳗鱼派是巴黎和伦敦很受欢迎的街头小吃，而在早期英文食谱的烹饪法中，鳗鱼是主要的食材。美国早期的欧洲殖民者很少吃龙虾之类的东西，但是鳗鱼则让他们觉得有家乡味，吃了很多。但是美国南北战争后，有些情况改变了。美国人打定主意不吃鳗鱼。而在欧洲，鳗鱼仍然很受欢迎。

鳗鱼可能看起来原始而怪异。它们在夜间活动，像蛇那样弯弯曲曲的，还会散发黏液，虽然这黏液实际上表示生活环境很干净，因为黏液能保护鳗鱼免受细菌感染。历史上鳗鱼还被当作恐怖的工具，罗马人用干鳗鱼做成皮带来管教年轻男孩。

犹太教祭司判定鳗鱼是不符合犹太教规的食物，但这是错误的。

鳗鱼有鳞片；只是鳞片很小，而且深植在皮里，这让鳗鱼比较容易在紧密空间里滑行。

鳗鱼似乎也激起一些深层的性冲动。日本人相信鳗鱼肉是一种春药。

鳗鱼本身如何交配，长久以来一直是引发诸多好奇的主题。从没有人见过它们交配。亚里士多德的结论是：它们自然而然从泥浆中冒出来。公元二世纪一个希腊自然学家学会认为，鳗鱼的性必然与大量摩擦有关，而黏液一定是鳗鱼的性液。弗洛伊德在医学院做的第一份报告，就是要找出鳗鱼把睾丸藏在何处，但他没找到。

18 世纪 90 年代，欧洲科学家研究玻璃鳗，几乎快要解开鳗鱼性别之谜。玻璃鳗是种小型的远洋鳗鱼，色泽透明，看起来有点像玻璃小碎片。科学家发现，玻璃鳗实际上就是淡水鳗的幼鱼。不可思议的是，玻璃鳗似乎都是从海中某个遥远的地点游向欧洲。

一位对此着迷的丹麦生物学家施密特，积极展开一次又一次的远航勘探，每次出航都深入大西洋。他航行得愈远，捕捉到的玻璃鳗体型就愈小、也愈年幼。18 年后，在 1922 年，他终于发现玻璃鳗全都来自何处：百慕大三角洲。

就科学家所知，所有美国和欧洲的淡水鳗都诞生于百慕大三角洲布满海藻的马尾藻海或附近。鱼卵孵化后，幼鳗就离开马尾藻海，开始游泳，直到抵达目的地才停止，目的地可能是美国艾奥瓦州或德国的某条河。玻璃鳗前往欧洲的旅程可能要花上两三年才能完成。以体型的比例关系来看，等同于人类游到月球的距离。

亚洲鳗也做同样的事情，不过地点是在太平洋。它们全都诞生于菲律宾海的一个地方，然后从那里游向亚洲各地的河流。成鳗在淡水生活 8 ～ 10 年，有些还活得更久。它们一直进食，直到身体含有将近 30% 的脂肪，在生命接近尾声之际，滑回大海交配。

当它们离开淡水时，它们的消化系统分解而消失，它们将不再进食。和鲑鱼一样，它们靠消化自身的脂肪存活，接着就消化肌肉蛋白质。科学家推论它们是返回马尾藻海和菲律宾海交配，但至今没有人目击鳗鱼产卵，也没有人知道，它们如何在没有食物的情况下，进行这么长途的旅行。难怪日本人认为鳗鱼能激发性欲。

寿司吧的淡水鳗并没有过完自然生命。它们一开始是马尾藻海或菲律宾海的玻璃鳗。它们抵达淡水后，开始往上游。但是不论它们到何处，不管是遍及欧洲、横越亚洲，或是在美国东岸到处游，人类都用网子把河岸围起来，成群捕捉幼鳗。

渔夫称这个阶段的鳗鱼为幼鳗。来自中国的买家出现在缅因州、南加州和佛罗里达州，通常以每千克数百美元的价格采买。在行情特别好的那几年间，卖幼鳗赚的钱比卖海洛因还多。有时大家还得荷枪实弹护卫最佳渔场。

买家把活幼鳗运回中国的大型养殖公司，在那里长成适合市场销售的尺寸。然后鳗鱼被做成烧烤鱼片，然后用多半都充满玉米糖浆、焦糖色和谷氨酸钠的酱油，涂上厚厚一层。人们把这些鱼片真空包装，冷冻，送到世界各地的寿司吧。

尽忠职守的寿司师傅买活鳗鱼，最好的师傅则坚持用星鳗。星鳗是淡水鳗的近亲，科学家认为星鳗也经历类似迁移历程的生命循环。

鳗鱼尝起来最美味的时刻，是师傅在鳗鱼还在蠕动时把它切开，因为鳗鱼里的味道成分单磷酸核酸会迅速分解。星期一的课堂上，卓南告诉学生，他和俊曾在东京筑地市场的一个摊子前吃鳗鱼，距离他们大约 1 米的地方，有人正在生切活鳗鱼。

“实际上他们得把鳗鱼钉起来，”卓南说：“你们知道他们用什么钉吗？”

“铁锤和钉子？”有位学生问道。

“差不多。来！我给你们看张照片。”卓南拿出一叠可怕的照片，“鳗鱼对寿司师傅而言是真正的考验，因为鳗鱼很难准备。他们把鳗鱼放在砧板上，用一根大钉子刺穿眼睛。”

卓南把照片收好，给学生看一包准备好的鳗鱼，来自中国。

“淡水鳗很容易，对吧？我们只要打开包装，放进烤箱就好了。”他手停了下来，“但绝不要在寿司吧切淡水鳗。你不能让客人看到你把它从包装里拿出来。”

卓南把那包淡水鳗扔回冰箱：“但是星鳗，我们得去骨切片后再煮。”他要一位学生去厨房拿一个塑胶袋。他摆出一堆竹筛，那位学生拿了袋子回来。从透明塑胶看过去，里面的东西像灰色软管，不过它们有眼睛。根据上面的标签，这些鳗鱼来自韩国。

“继续吧！”卓南说：“把它们从塑胶袋拿出来。我不想让我的手碰到那些东西！”

学生把那个袋子剪开，闻到一股味道：“喔，天哪！”

凯特皱起鼻子。

“现在，”卓南继续说，“我们第一步要怎么处理它们呢？洗！它们很黏滑。然后我们用盐腌它们，接着就去骨切片。不要把头丢掉。我们会用到头——你们待会就知道了。”

卓南把袋子撕开，把鳗鱼连同它们黏滑的白色黏液一起倒进大钢锅。

“通常鳗鱼生活在含沙的细缝底部。看到了吗，这些牙齿。”他把一条鳗鱼的嘴巴拉开，“鳗鱼很凶猛。在日本，歹徒杀了你，会把你的尸体带到鳗鱼场，丢进去。”当潜水员在河里找到人类尸体时，周围通常都有鳗鱼在啃咬尸块。

卓南指着那堆鳗鱼："快点！我不想让手沾满血腥黏液！"没有人行动，卓南继续催促："快点！我们没有时间了，动手吧！"

《绮罗罗的寿司》中，绮罗罗抓起黏滑的星鳗，处理时丝毫没有一点厌恶感，让一位男同事印象深刻。在加州寿司学院，一位学生听从卓南的召唤，缓缓走向前，这个人是凯特。她开始把鳗鱼从锅里拿出来，同学也陆续加入队伍。

每条鳗鱼约有 45 厘米长，又细又扁。它们的背部是深棕色，头后面有少许鳍，沿着侧面则有白色斑点。身形逐渐缩减至尖尖的尾巴。凯特看到它们的内脏已经被清理干净了。不管在韩国负责包装、冷冻鳗鱼的人是谁，他们已经把最讨厌的工作做好了。

卓南拿起一条鳗鱼，平放在砧板上，用去骨切片刀把鳗鱼延伸整个背部的背鳍切掉。他把头、前鳍、胃壁切除，拿出一些骨头。

学生纷纷仿效卓南的做法开始作业。最大的挑战是切除很长的背鳍，这个工作得非常费劲、用心处理，大家都弓着身子伏在砧板前。

厨房里，卓南在大炉子上放了一个大平底锅，用油煎鳗鱼头。鳗鱼头一煎好变成棕色时，他马上把它们移到烤炉上。学生把鳗鱼去骨切片后，陆续走进厨房。卓南把水、清酒、味醂、酱油和糖拌在一起，放在炉子上加热。学生把条状的鳗鱼肉放进锅中。

当鳗鱼煮熟时，卓南举起冒着蒸气的锅，把它放在厨房的桌上，旁边有一碗冰水。学生聚集过来。突然，情况看起来很熟悉，让人不太舒服——就好像他们之前软化真鲷鱼皮的情形。

这次，卓南把手泡在冰水中一分钟左右，然后直接把手浸到冒着蒸气的水中，拿出一条煮好的鳗鱼。他轻柔地捧着它，撑住它，不让脆弱的鱼肉散落开来，小心翼翼地把它放在盘子上。做完这些，卓南的手红通通的，冒出蒸气。

他说："轮到你们了，把手放进冰里，然后拿出星鳗，把它放在盘子上，要确定是平的。肉很软——那就是你们必须用手拿的原因，得平平地放上去。"

马可斯走向前。他前一晚去听音乐会，很晚回来，刚刚才醒来。他把手泡在冰水中一分钟，然后猛地把手插进锅中，抓起一尾热腾腾的鳗鱼。他现在完全清醒了，瑟缩一下，然后用力把鳗鱼扔到盘子上，仿佛在橄榄球比赛中掷球般。

凯特走向前。当她的手碰到热水时，痛得喊出声来，丢鳗鱼的速度甚至比马可斯还快。"你在**开玩笑**吗？！"她脱口而出，一边摇着红通通的双手，"真是疯了！"

轮到下一个学生了。他缩了一下，结果鳗鱼掉回锅里，裂成两半。另一位学生上前，他稳住了，一路翻转鳗鱼到盘子为止，全程痛苦地大喊"啊！啊！"他们两个都边跳脚边甩手。

卓南又拿出两条鳗鱼，把学生摆放的鳗鱼重新排好，对他们大吼："**放平**！你们听不懂啊？"锅里还剩下几条鳗鱼。"快点！快点！"卓南咆哮道："你们的 5 000 美元要花得值得！"学生继续和鳗鱼奋战，卓南则匆匆把烤炉上的鱼头拿过来。当锅里的鳗鱼都清空时，他把鱼头倒进高汤中。

"我们还要煮这个三十分钟。"他说。之后他会示范给学生看如何做鳗鱼酱。美国人喜欢鳗鱼酱——可能是因为里面加了很多糖。多数人都不知道里面还加了鳗鱼脑。

卓南解释："西方客人是这样的，明明鳗鱼寿司上已经有酱料了，他们还是会把它放进该死的酱油里！"半小时后，卓南把学生叫回厨房。在熟鱼头高汤中，他加进更多糖、更多甜味醂和玉米糖浆。一般寿司餐厅用大量制造的鳗鱼酱，比较好的餐厅自己做鳗鱼酱，而最好的餐厅则有秘方。

“接着我们用小火炖煮五到六小时。”卓南说。

他把学生赶回教室架设周一午餐柜。

中午他们打开大门。今天风和日丽，微风轻拂。音响播放出迪斯科音乐。不久吧台就坐满客人，学生忙着做寿司。

卓南走到教室远处的凳子坐下来，一脚搁在地上，一脚悬在凳子旁，背靠着墙。这是他头一次没有整天忙里忙外，也是他最后一次看学生站在寿司吧后为客人上菜。

卓南看着凯特。她站在拓美旁边，与客人谈笑风生，而拓美则保持安静。他们一起把一个美丽的浅盘递给吧台一位女士。

这位女士吸了一口气：“你们做得真棒！”

有人把音乐从迪斯科音乐换成摇滚音乐。凯特怂恿拓美跳舞，最后他态度软化了。拓美把一片寿司高举到头上方，一边捏，一边扭屁股，表演做寿司舞。凯特和客人鼓掌，拓美很不好意思地笑了。没有人知道，害羞、安静的拓美以前的工作是在一大群歌迷前唱歌、跳舞呢！

周一是哈玛荷摩沙师傅的休假日。一如往常，当天晚上餐厅不营业。俊和其他师傅在卓南回澳洲前，带他去外面吃饭，大家都吃腻寿司了。他们去吃韩国烤肉，围着桌子中央共用的炉火，一起烧烤牛肉和猪肉片，烟雾弥漫到天花板了。

第三十七章
料理章鱼

凯特走上前到教室桌子旁，当着全班同学的面捉住黏滑的鳗鱼，她这么做时，心里对种种程度的恶心感，逐渐滋生微妙的感激之情。至今她在厨房已经碰过够多血和内脏，足以客观评判事物了。黏滑的鳗鱼很恶心，但与最近碰过的其他东西比起来，鳗鱼还没那么糟。

事实上，凯特已在建立一份恶心等级表了。到目前为止，整个学期最恶心的东西，是被她剥成两半的活虾；第二恶心的是很臭的大鲥鱼，它的内脏像意大利蒜味香肠那么大；她还没决定第三恶心的东西是什么。卓南即将提供几个一流的候选者给她。

“章鱼到底有没有毒呢？”他自问自答：“没有啦！”

但是日本有些渔夫宣称，在某些罕见的情况下，章鱼会将神经毒素累积在触角顶端，有点类似毒河豚身上的毒素。日本最受敬重的寿司师傅之一小野二郎，就从不用章鱼脚的顶端做料理。

卓南说：“章鱼寿司很难做，切的技巧叫做‘波浪切’，这样才有助于章鱼黏住饭。假如切得太厚，章鱼也黏不住饭。做章鱼寿司必须细切。”

由于章鱼肉很难咬，所以也必须细切才行。章鱼和乌贼都是无脊椎动物，为了弥补，它们用强化胶原的坚韧基质来支撑肌肉——它们的胶原是鱼的3～5倍之多。章鱼和乌贼的肌肉纤维也很细、紧实。这类动物不储存脂肪，而是持续建造肌肉，吃得愈多，长得愈大。

章鱼和乌贼曾一度拥有甲壳。数亿年前，它们看起来比较像现在的鹦鹉螺，这种生物是章鱼和乌贼的近亲，还住在壳中，利用壳中的气泡漂浮。章鱼、乌贼和鹦鹉螺被称为头足类动物，意思是足长在头部。

甲壳为早期的鹦鹉螺提供一些保护作用。但是新的捕食者进化了，尤其是鲨鱼和硬骨鱼，驱使头足类动物往更深的海里去。如果鹦鹉螺游得太深，水压会摧毁它的气泡，甲壳会产生爆裂，甲壳变成不利的条件。

章鱼和乌贼的祖先失去了甲壳，而获得了逃至深处的能力。它们不用气泡漂浮，而是进化成肌肉发达的游泳者，用虹吸管喷射水来移动，而乌贼则能像挥舞翅膀般，拍击鳍。那样游泳需要更多食物以制造能量，所以它们进化成拥有敏锐感官和快速反应能力的捕猎者。由于它们已转变成好斗的猎食者，有些便回到浅水处繁殖。

卓南从冰箱里拿出一个黑色漆盘。盘子中央放着一束卷得紧紧的粉红色触角，上面布满白色吸盘。

卓南本来要买只活章鱼，但在东京筑地市场以外的地方，很难取得活章鱼。多数寿司师傅都买事先煮好的章鱼，像卓南手上这只就是。全世界捕捉到的章鱼，日本大约就消耗了三分之二，其中有很多来自西非。但最好的寿司师傅坚持要买活章鱼，这样他们才能自行料理。假如卓南成功取得活章鱼， 那几乎肯定会在凯特的恶心清单上拔得头筹。

最初，活章鱼上市贩售时，渔夫或鱼贩通常已经切除章鱼的内脏了。尽管失去内脏，章鱼在水盆中还能继续活动。因为章鱼的八条触角每一条都有自己的脑。这些神经节从主要大脑接收单一指令，然后执行一整套不受大脑支配的子程式行动。触角的行动非常复杂，所以每条触角需要自己的脑。由于没有骨架，每条触角能往所有角度和方向活动。

小野二郎设下寿司准备技巧的障碍。他带着一条还在动的章鱼回到寿司店后，用刀子把章鱼的眼睛挖出来。接着，为了软化章鱼坚韧的肉，他为章鱼做全身按摩。小野为章鱼按摩时，手下的章鱼继续扭动着，大约十分钟后，章鱼的皮表分泌出黏液，触角逐渐停止动作。小野轻柔地将黏液清除，继续按摩三十分钟，直到触角完全放松，黏液不再出现为止。章鱼的组织已软化，他把章鱼头挂在钩子上，一再把触角浸入滚水中，直到章鱼脚伸展开且卷起来，就像他所说的，像盛开的花朵。然后他把整只章鱼放进水中，大约煮十五分钟。

《绮罗罗的寿司》中，绮罗罗在一场电视播放的烹饪竞赛里，用类似的技巧处理一只活章鱼。评审和观众对这个过程很反感，但绮罗罗坚称这项技巧是软化章鱼肉的唯一方法。

虽然比较少见，但寿司师傅也提供生章鱼给客人吃。卓南好几次从洛杉矶的鱼市带回长而滑的生章鱼脚。上菜前，他先用削皮后的大萝卜猛击章鱼脚。拍击和萝卜里的天然酵素有助于软化章鱼肉。现在卓南拿起这只煮熟的粉红色章鱼，把手压进它的头，于是像鸟喙般的嘴巴就突出来了，凯特赶快转头。卓南把它塞向马可斯，大声嚷着："外星人！"

他边笑边把这束卷曲的触角和吸盘扔到砧板上，很快切了几刀，把章鱼头切掉，然后用力一切，把两条触角切离这束脚。盘旋的触角肉色呈粉红色和白色，他把其中一条压在砧板上，顺着某个角度切片。他切的时候，手腕左右扭转，这样刀子才能顺着Z字形把肉切穿。他拉开肉片——呈椭圆形细长状，奶白色的肉外围有圈深紫色。他给学生看他在表面上做出的波浪图案。然后他把刀尖朝上对着天花板，用刀片底部轻敲整个薄片，在富有弹性的肉上戳出小凹痕。最后，他用切好的章鱼肉片捏出握寿司。

卓南说：“你们去找工作时，假如由我主考，我会要你们做章鱼寿司。”

他搁下章鱼。“我们还有乌贼。”

“乌贼，”卓南说：“不是枪乌贼——完全不一样！它们很丑，但是非常好吃。”

头足类动物跟鱼一样，在细胞内充满部分自由氨基酸，但大部分则是无味的氧化三甲胺，藉以抵消海水的渗透压。另一种它们体内含量很高的成分是牛磺酸，一般认为牛磺酸能给予力量和活力，通常可从牛胆中取得。凯特上课时喜欢喝的红牛饮料和怪物能量饮料，里面就含有牛磺酸成分。

“乌贼有几只脚？”卓南问。凯特猜有十二只，马可斯说八只。

“你们待会就会看到。”卓南说：“乌贼很难咬，所以我们在肉片上刻画交叉图案。今天我们要做生鱼片摆盘。让我看看你们是怎么做的。”卓南冲进厨房，带着五包东西回来。他分了四包给大家，自己把最后一包撕开，取出一只乌贼。它的皮肤由许多棕色小斑点组成一幅细致的百衲图。

在动物王国中，头足类动物拥有最奇特的皮肤。乌贼的皮肤含有许多微小的弹性气囊，里面充满不同的色素，还有大量细微的镜状物。在放松的状态下，这些气囊是关闭的，不会展现里面的色素。乌贼藉由收缩某些肌肉，就能扩张某些特定气囊，开启或合上它们的镜状物，展现各式各样的图案和颜色。多数头足类动物都能快速看一下周遭，马上配合周遭环境的图案和颜色，转换皮肤作为伪装。日本研究者曾把乌贼皮肤当作一种用于电脑荧幕的新聚合物的模型。

“你们说它有几只脚？”卓南一只只数出来，有八只。还有两只附属肢体。“这两只不是脚，它们是触角。”

乌贼的捕食方式是扑向甲壳纲动物和鱼类，用两只长触角抓住它们，八只脚缠绕住奋力挣扎的猎物。脚上满覆碗状的吸盘，吸盘的小齿刺进猎物身体。猎物无路可逃。

乌贼嘴和章鱼嘴一样，位于脚的正中央，与鹦鹉的喙几乎相同。乌贼用嘴用力啃咬动弹不得的猎物。就像熊大啖鲑鱼般，潜伏在鱼群中的乌贼通常一条鱼只咬几口，就扔到一旁，然后继续捕食。

“我们从眼睛下方把触角切除。”卓南切掉两只触角，把它们扔到垃圾堆中。他把脚一对一对地切下来，使劲拉出头和内脏，然后要抓别的东西——他一再拉扯，终于拉出一个透明的内壳。这是几亿年前的乌贼唯一残留下来的东西。就某方面来说，乌贼是高度发展的蛞蝓，内外翻转过来。

他用毛巾握紧乌贼，剥下它身上棕色的皮，剩下的就是闪闪发亮的白色肉片，形状像个圆锥形卷筒。他把圆锥筒切开，摊开来，变成一个平坦的三角形。

“现在，把里面所有的皮都移除。”他用毛巾把它擦干净，然后把底边切掉，小心地拉开内层的皮，“要如何把它分成做寿司的切片，获得最好的利润，完全由你们自己决定。”

人类并不是唯一喜欢吃生乌贼的生物，鲨鱼也贪食乌贼，鲑鱼也吃乌贼和章鱼。剑鱼用独特的方式捕捉乌贼。它们追赶一群乌贼，用喙狂野地到处挥舞，接着又游回大屠杀现场，大口吞食乌贼残骸，甚至乌贼有时也自相残杀。

青花鱼吃小乌贼，鲔鱼吃大乌贼。大鲔鱼是海中少数游得够快的鱼，能在大乌贼喷射离开时追上它们。在日本，有些寿司行家相信，在日本海北部捕捉到的鲔鱼是最好的，因为那里的鲔鱼是吃乌贼而不是吃鱼，所以鲔鱼肉有种独特的滋味。

乌贼是少数人类过度捕捞而还没消灭的海洋生物，很可能是因为人类已经消灭了大量吃乌贼的鱼种。根据一些科学家的看法，所有的野生鱼种在2050年以前都会消失。乌贼可能会变成最后一种用在寿司上的野外捕获寿司料。

每位学生都拿了一只乌贼。凯特把手指从乌贼的套膜下缘戳进去，她扭转一下，然后拉出来。乌贼的身体从头和脚的地方裂成两半，内脏溅到砧板上。

凯特仔细检查触角、瞪着的大乌贼眼，还有溅到砧板上的内脏。她认为，乌贼绝对符合她恶心清单中的第三名。她已经能适应这种情境了，她处理过最糟的状况，渐渐变成专家了。

凯特转向卓南，指着触角："从眼睛下面切？"

卓南点点头说："对！"

凯特把她的刀片竖在乌贼头上，就在眼睛下方位置。她抿起下唇，开始切，但又停下来，叫了一声："啊！"她深吸一口气，强迫自己继续。但是她没办法看下去，在切穿乌贼其他部分时，她转头不看，眼睛瞄向空中。她已经又把刀磨锋利了，切起乌贼來很容易。

卓南给学生看一个用收缩膜包覆的包裹。

"大部分寿司吧都用这个——冷冻乌贼，已经处理好，已经刻好纹路了。西方客人并不是很喜欢乌贼，他们不太常点乌贼。但假如你用真正新鲜的乌贼做料理，他们会爱死乌贼。"

学生在处理乌贼时，卓南做了一盘精巧的乌贼生鱼片。上面层层堆叠的生鱼片有方形塔状、卷起的螺旋状、幔状的薄片，并加上巧妙的配菜。他先前做的生鱼片拼盘像禅园，这个则是前卫的雕塑公园。

学生练习摆盘。凯特慢慢地处理乌贼，她用白色的身体肉捏了两个握寿司，然后在乌贼和饭之间藏了紫苏叶切片。她又做了三个握寿司，每个上面都放了隆起的紫苏叶和乌贼触角的顶端，用一条海苔把整个绑起来。她在另一块肉上刻纹，绕着一束紫苏叶卷成螺旋状。她以不对称的结构把作品排在陶盘上，加上一点萝卜嫩芽当配菜，然后往后退。

这个作品真豪华，是日式豪华风。凯特结合了她个人的美学想象和日本传统，实现了先前让她摸不着头绪的寿司禅。她知道自己已经做出精熟新阶段的作品了。下课后她留下来，把刀磨锋利。

在楼上的餐厅办公室里，有个不好的消息。俊集合所有的师傅开员工会议。之后大家依序走出来，脸色铁青。没有足够的客人回流，俊的魅力也恢复得不够。餐厅财源流失太多，已无法在业界立足了。

第三十八章

巨蚌

星期三，卓南一上课就宣布：“你们星期五有个考试。”那天是他在职的最后一天。

“你们要考的项目是刀子、制服、生鱼片和握寿司。”由俊主持考试。

凯特磨刀的技术进步了，她的生鱼片也已经有了禅意。她和其他学生一样，剩下的问题就是他们做握寿司的技巧能否通过俊的检验——星期五他们就知道了。

卓南继续进行当天的课程。“今天我们要做巨蚌、象拔蚌、马蚌。”他说。“这些全都是同样的东西！”卓南似乎心情很好，“可能还有更多名称呢！”

他说：“大伙儿，今天我会很政治正确喔。”卓南从冰箱里拿出一个长而直立的肉柄，球根状的那端被包覆在保护壳里。卓南说：“这是象拔蚌，象拔蚌非常贵，现在日本已经剩下没多少了——多半都已经找出来了。这只来自华盛顿，是养殖的。”

20 世纪 70 年代，华盛顿州的鱼类和野生动物部鼓励大家捕捉象拔蚌，因为这东西在普捷湾的淤泥滩泛滥成灾。但没有多少人有兴趣去挖象拔蚌。这种蚌每千克最好的价钱顶多 22 美分。

起初，土生土长的美洲印第安人捕捉象拔蚌，白人殖民者也这么做，把象拔蚌作成巧达汤（海鲜杂烩浓汤）里的肉。一首加拿大民谣称颂象拔蚌，内容传达出一个男子的悲痛之情，她的女友在发现一个格外精致的样本后离他而去。在科学家之间，象拔蚌有几个不同的学名——通常是用 panopea abrupta，但有时也用 panopea generosa 。那首民谣没有指出那位女士喜欢哪个名称，但答案似乎很明显。

虽然象拔蚌在巧达汤或其他方面，可能提供了某种程度的乐趣，不过很少人知道它们是很昂贵的佳肴。接着华盛顿的捕猎者得知寿司这种食物。他们开始把象拔蚌运送到日本，到了 80 年代中期，随着寿司在美国生根发展，象拔蚌的价格飙涨。非法捕鱼者造就了繁盛的黑市交易，而且用暴力彼此威胁。1998 年，华盛顿州当局强力取缔盗捕蚌类的罪犯，并予以定罪判刑。

现在养殖业者大量养殖象拔蚌。除了寿司市场外，香港和上海的买家也出高价买象拔蚌做中国菜。在北美，除了寿司行家和喜爱西岸家常菜色的人以外，大部分的人都还没迷上象拔蚌，至少在厨房是没有的。

卓南举起一张和蚌一起放在袋中的纸，说：“这张标签一定要保留三个月。假如有人吃了巨蚌生病了，他们会找到你，你就准备吃官司了——除非你有这张标签。”

蚌容易受红潮（有害海藻大量繁殖而形成）影响，尤其是在夏季。这些毒海藻的花会产生比氰化物强上一千倍的神经毒素，很多蚌类和相关的贝类在夏天也失去风味，因为它们在产卵过程中把自己消耗殆尽了。日文中有句传统谚语说：“连狗都不吃夏天的蚌。”

卓南把标签放在桌上，把手放在巨蚌上。蚌壳约 15 厘米长，突出的柄还可再加上 20 厘米。象拔蚌如果在野外生活不受干扰，可以存活 150 年，长到将近 7 千克重。突出的柄实际上是一种换气装置，叫做虹吸管。蚌类生活在泥浆深处，把换气装置朝上贴在泥浆表面，吸进食物和水，喷出排泄物。

卓南说：“象拔蚌不是寿司吧的好材料，因为它必须是活的才能生吃。象拔蚌的保存时间最多 3 ～ 4 天。只有少数人喜欢它那强烈的海洋滋味，爽脆，富有弹性。”

在古东京，各式各样的蚌类是极受欢迎的握寿司料。鱼类和头足类动物多半是用无味的氧化三甲胺和一些氨基酸，来平衡海水的渗透压，而蚌类则完全仰赖美味的氨基酸，尤其是能产生鲜味的谷氨酸盐。蚌类和头足类动物一样，无法把能量储存在脂肪中，所以它们所吃下的任何多余的食物，都会额外产生各种制造风味的氨基酸。一般而言，蚌类比鱼类更有风味，海水愈咸，蚌的味道愈强。

“蚌肉一定要紧实，”卓南说：“而且当你拍打它时，它应该会动。”他把蚌放在砧板上，拍打长虹吸管的顶端。“但假如你一直拍，它一直动，一直拍，一直动，它就会疲惫，比较快死掉。”几位男学生在窃笑。“用奶油刀打开蚌壳最方便。”卓南说：“注意了——有时你这么做时，它会尿在你身上。”

他把蚌撬开，刮壳里的东西，把内脏分开来。“肠子和睾丸！”卓南说这话时，把礼仪都抛到脑后了。他举起毫无保护的蚌，它的虹吸管下垂。

“这些不能用。”他把这部分扯掉，扔进垃圾堆。课堂上每位男性看起来都泰然自若。在厨房，卓南把蚌浸入滚水。马可斯瑟缩了一下，问道：“它还活着吗？”

“对。”五分钟后，卓南把它拿出来，扔进冰水中泡一下。回到教室时，他抽出一把刀。卓南把刀对准虹吸管的根部，直接把它切掉。他把皮剥掉，然后把它侧面压在砧板上，把刀尖刺进尾端。

“每次你动它，它就不舒服。”卓南说，“即使分离开来，它仍然活着。不要频繁动它。通常我们上象拔蚌寿司时，会在上菜前才拍它，这样客人就能看到它动。”

他顺着虹吸管的长度划下一刀，让它像蝴蝶般展开，然后拿到水槽边，在流动的水下擦洗，一边解释：“要把沙洗掉。所有软体动物里面都有沙。寿司里有沙比有骨头或鳞片还糟。”

回到砧板上，卓南把打开的虹吸管切成两半长条状，把它们放进寿司料盘。他举起其中一块蚌肉，让它从空中落到砧板上，这时蚌肉又蠕动了。他把蚌肉翻面，刻出薄片做寿司。每一刀划下去，肌肉都有反应，仿佛设法摆脱痛苦。

“当你们试着切它时，它会收缩让你比较难切。”卓南说。他用刀片根部轻敲肉片，让肉片软化。卓南把那两半虹吸管拿给学生，桌子两侧的学生各拿一半。学生练习用蚌做寿司。凯特切下两片，然后往后传。

“谁喜欢象拔蚌？”卓南问，只有几位学生举手。

“哇，就这样？”卓南说：“早上六点在筑地市场，来餐啤酒加象拔蚌——超赞！但一定要软化它。如果没软化，你就会像牛那样嚼个不停。”

卓南看着学生：“拜托，如果你们还没吃过象拔蚌，尝一口吧。就算吃了再吐出来也没关系。假如你们要在寿司吧工作，应该要知道自己努力做出的味道是什么。”凯特没兴趣吃波浪状的蚌，但在卓南的注视下，她从她的握寿司切下一小角，感觉起来好像在嚼橡皮筋。

卓南看着她，她知道他在等她吐出来——她把它吞下去了。

第三十九章

下等鱼：黑鲔

卓南鱼类马拉松式课程的最后一天，天气凉爽而晴朗，新鲜的海风从太平洋吹进来。

今天全班达到当代寿司的高峰。今天上课要讲的鱼，长久以来日本人始终把它贬低为穷人的食物——下等鱼或低等鱼。据传即使北美人也曾把这种鱼丢到镇上的垃圾场，因为没有人要吃这种鱼。

但是现在这种鱼在日本的地位已经提升至高级鱼。北美人不遗余力地把这种鱼最好的样本卖到日本，然后再用天价买回它们。

“谁能告诉我一种鲔鱼的名称？”卓南说。他把鲔鱼的字样写在白板上。

“黑鲔鱼！”学生开始喊出，“大目鲔、黄鳍鲔鱼！“卓南点点头。寿司师傅这三种都用，但以黑鲔鱼为鲔鱼之王。

黑鲔鱼能长到 680 千克。它们栖息于冷水海域，依生长地区和季节不同，它们的身体可含有高达 15% 的脂肪。大目鲔比较小，生活于温和的热带海域，但它们游得比较深，那里温度相对较冷，因此它们能累积高达 8% 的脂肪。黄鳍鲔鱼与大目鲔体型差不多，它们生长在较温暖的海域，只累积大约 2% 的脂肪。

“有几种不同类型的鲔鱼肉。“卓南说。他在白板上写上名称。

红肉

中腹肉

腹肉

前腹

除了脂肪的问题外，所有的鲔鱼肉都是红肉。虽然有些鲔鱼的皮有光泽，但寿司师傅还是把它们列在红肉鱼的范畴。黑鲔鱼肉最红，它们是海中游得最快的鱼。

黑鲔鱼大约在一两百万年前，才出现在海中。以鱼来说，它们的循环系统的复杂度和成熟度，已经达到新阶段了。和哺乳类动物和鸟类一样，黑鲔鱼是温血动物。温血动物的反应都比较快，因为它们体内重要的化学反应在热的环境中可以较快产生，这对掠食者来说极为有用。

然而，在海洋的冷水海域中，保持身体的热度是项挑战。当血液经过鱼鳃收集氧气，接触到冷水时，鱼体内能产生的热多半会消失。结果，海中大部分鱼都是冷血的。

为了变成温血，黑鲔鱼在体内发展出精巧的热逆流交换器。当温血离开黑鲔鱼的肌肉，前往鳃去载运更多氧气时，温血流经的血管直接沿着从鳃带回较冷的血的血管奔流。冷血从温血吸收大部分的热度，将热带回体内。等到低氧的血抵达鳃时，血已经冷了。黑鲔鱼的热度交换器效率之高，可以保留动物自身 97% 的热度。

黑鲔鱼能比其他鱼类游得更快，看得更远，它们消化更多食物，反应更快。科学家估计黑鲔鱼游泳的时速达 80 公里。但这是要付出代价的。它们可以用比较悠闲的速度慢游，但它们却永远都得游得够快，才能确保有足够的氧流经鳃，提供燃料给系统。假如它们游得太慢，就会窒息。

对于黑鲔鱼而言，快肌和慢肌两者的区别极不相关。黑鲔鱼没有沿鱼身两侧皮下生长的细条状慢肌，它的慢肌是往内部能保暖的地方生长，并且增长成大规模的高输出引擎，产生快肌的性能。

大多数鱼游泳时屈曲脊椎，鲔鱼则不同，它的脊椎维持挺直，把九成由引擎产生的推力导向单一尾鳍的动作，和鱼雷很像。游泳中的鲔鱼硬直的程度，在日本广为人知。

黑鲔鱼像狼一样，成群结队捕猎食物。当它们锁定一群小鱼或乌贼，大约十五条黑鲔鱼会排成抛物线队形，形状有点像一张嘴，一起高速攻击猎物。排成抛物线队形，行动起来像拖网一样，能把猎物集结起来，但也能让黑鲔鱼离开彼此的尾波时达到高速行动。

黑鲔鱼大规模引擎的燃料需要大量的氧气，为了供应氧气，鲔鱼把肌红蛋白灌注进肌肉和血液里，这是运输氧气的铁红色蛋白质。那就是鲔鱼肉如此鲜红的原因。

当猎物充足时，黑鲔鱼储存脂肪以备未来之需。自 20 世纪 50 年代后期开始，黑鲔鱼肚切片成为日本很受欢迎的握寿司料。寿司师傅从黑鲔鱼腹部前面的部位切下最高级的前腹肉，脂肪可高达 40%。寿司师傅区别两种前腹肉：蛇胃“是最肥的部分，从腹部的底端而来”，霜降“比较稀有，来自上腹部，同时也可以指任何有大理石纹路般脂肪的红肉”。

卓南说：“现在鲔鱼肚不只是指取自腹部的肉，你也可以从鱼身其他部位取得鲔鱼肚。“他在板上画了一幅图解。

寿司师傅从鱼的腹部后面和上方部位切下中等的肥肉，叫做中腹肉，但也可以从鱼背的上方和外侧部位取得。这种肉的脂肪是 15% ～ 20%。

往鱼身中央是红肉，被脂肪隔开，这是让鱼连续不断在水中行驶的主要引擎，师傅发现最美味的红肉位于距离尾部一半至三分之二的部位。此处的肌肉比接近头部的肌肉有更多运动，但所含的纤维比尾部肌肉少。

固执的寿司迷仍会选择一片好红肉，而不是鲔鱼肚。他们认为鲔鱼肚的脂肪的口感过分单纯，相较之下，品味一片精致的红肉则需要经验。

不管怎样，从海中取得鲔鱼，送上寿司吧，得到一片好肉，这个过程一点都不简单。

“90% 的鲔鱼，”卓南说，“当捕到它时，人们会迅速将它放血，切头，快速冷冻它。”

和鲑鱼一样，很多寿司吧的鲔鱼都是冷冻的，不过鲔鱼是用比较精巧的技术冷冻。

冷冻虽能抑制细菌，但却会产生其他问题，尤其是变成冰时。一般在冷冻过程中，动物肉内的水分扩散出细胞，在细胞间形成冰结晶。水的分子重新排列形成冰时，水会膨胀，结晶体会压坏附近的细胞结构，把肉变成糊状。而且当细胞里的蛋白质失去原有的含水环境时，它们会展开且彼此结合，形成一大团坚韧且富弹性的东西。

为了预防这种情形，日本捕鱼事业为鲔鱼研发出船上急速冷冻技术，如此一来，捕鱼船就能在海上停留较久。渔民将鲔鱼包在人工雪中，然后把它们浸在液态氮里，这能将鲔鱼的中心温度急速降低至 -57℃，水分子就没有时间扩散和结晶，所以细胞结构和蛋白质就受到保护了。急速冷冻的鲔鱼在捕获后长达两年，滋味和口感都几乎还是完全新鲜的。

在东京筑地鱼市场，鲔鱼大约在每天清晨五点贩售，在灯火通明的挂钩前展开，水泥地板被一层旋涡状的水雾遮住了。从水雾中可以看到层层堆叠的结霜白色卵囊，这些硬得像石头的东西是急速冷冻的高品质鲔鱼。鲔鱼的鳍、鳃和内脏都被拿掉了。

“有些鲔鱼的确是新鲜进货的。”卓南告诉学生，有些最佳鲔鱼来自美国东北部的新英格兰，“它们装在棺材里，贵到有点荒谬了。你们认为鲔鱼的价格是多少？”

“29 美元每千克？”马可斯说。

“29 美元！？”卓南不敢置信地喊道，“2001 年筑地市场，一条 202 千克的鲔鱼，要价 173 000 美元！“

“等等！”马可斯还没意会过来，“173 美元？”

“是 173 的 1 000 倍。”卓南说。这样算起来一千克大约是 856 美元。确切地说，那是用不合理的过度竞标价，争取最顶级的鲔鱼——日本附近海域捕获的冬季鲔鱼，占全球鲔鱼渔产量的不到 1%。此外，那笔买卖是买家用来庆祝千禧年开市第一天的方式，用铺张的方式来炫耀财富。”

但即使是贵得离谱的新鲜鲔鱼，也有缺点——它们可能会太过新鲜。

动物死后，肌肉仍然活着。肌肉细胞含有局部的燃料供给，是以储存糖结晶的形式存在，叫做糖原，肌肉里的酵素继续使用及分解这种燃料。刚死掉的鱼的味道，好像活鱼的滋味，这是因为鱼的肌肉还在运作，坚实联结在一起，还没有什么味道，因为蛋白质尚未分解成氨基酸。昂贵餐厅和寿司店从生鱼槽取出鱼现宰做菜给客人吃，这对客人并没有什么好处。从鱼槽取出的现宰的海洋生物中，唯一值得吃的是鳗鱼、乌贼和一些贝类，例如巨蚌。

当糖原燃料用尽时，鱼肉终于失效，变得坚硬、紧绷，更难吃。这个状态叫做死后僵硬。

但是肌肉里的酵素继续运作，并开始消化组成肌肉本身的蛋白质。肉质软化，蛋白质分解成能提供味道的小分子，例如谷氨酸盐和单磷酸核酸。牛肉在宰杀后必须要搁置几星期，肉质才会变软，产生风味。生产牛肉的人通常把肉熟成的时间拉长，以产生更多的单磷酸核酸。

鱼类死后一般需要 8 ～ 24 小时，才能产生风味。鱼肉熟成的时间比陆地动物的肉快得多，也腐烂得较快，因为鱼类是冷血动物。在类似冰箱里的温度中，鱼里的酵素运作良好。相反地，当肉变冷时，温血哺乳动物的酵素作用就会减缓。

然而，黑鲔鱼是很巨大的温血动物，所以它们被宰杀后，所需的熟成时间比其他鱼种长。通常黑鲔鱼在死后一星期左右，它的风味才会达到高峰。日本人对黑鲔鱼有个昵称“四天”。在冰箱发明以前的时代，当有人捕到黑鲔鱼时，会把黑鲔鱼埋在地下四天后才吃。

对寿司师傅而言，黑鲔鱼象征供应生鱼肉最根本的矛盾。假如肉熟成的时间不够长，就无法产生足够的味道。但一旦过了死后僵硬的阶段，肉就迅速失去坚实度和口感。鱼几乎不可能同时达到完美的风味和口感，寿司师傅被迫与酵素作战，他不用烹煮来解决，而是练习妥协的艺术。

寿司师傅还有其他的挑战。假如大鲔鱼在死前长时间顽强挣扎，它的中心温度在死后会立即上升，温度之高使得鱼肉变熟，甚至在死后僵硬阶段来临前，鱼肉就已经变成蛋白质了。

鲔鱼肉里的肌红蛋白也极容易受氧化影响。当肌红蛋白的分子失去电子时，肌红蛋白会从亮红色变成棕色。很多美国寿司吧供应的鲔鱼是红色的，只是因为批发商在肉里打进一氧化碳，产生碳氧肌红蛋白，这是另一种亮红色的分子。日本政府担心这种行为可能掩饰腐烂的鱼，已经立法禁止。

然而，关于黑鲔鱼最大的挑战，与宰杀无关，而是如何让它们存活，黑鲔鱼的生长速度缓慢。那表示渔民可以轻易大量毁灭黑鲔鱼族群。寿司对黑鲔鱼的需求，已造成全世界黑鲔鱼严重损失，虽然它们遭受滥捕的情况有多严重，还是一个有争论的议题。现在环境团体劝诫大家完全不吃黑鲔鱼。

黑鲔鱼畜养公司从海中捕捉黑鲔鱼，在大围栏里把它们养肥，整年都能获取高收益。在澳洲，有些饲养鲔鱼的人已经名列该国最富有的人了。但饲养对于降低野生族群的压力毫无帮助——甚至可能使情况更糟。相反地，大目鲔生长较快，所以面临捕捉情况，它们的族群比较容易恢复，黄鳍鲔鱼也是如此。

同时，研究者正在研究繁殖被关起来的黑鲔鱼，他们甚至考虑用黑鲔鱼的代理孕母来增加黑鲔鱼卵的产量。至今，科学家已经成功地移植原始鳟鱼细胞至母鲑鱼身上，使鲑鱼产出鳟鱼卵，而非鲑鱼卵。当鳟鱼卵被鳟鱼精子授精时，这些由鲑鱼产出的鳟鱼卵就会长成健康的鳟鱼。这对鳟鱼族群而言是个好消息，鲑鱼性成熟的速度比鳟鱼快，所以作为代理孕母，鲑鱼产出鳟鱼卵的速度比鳟鱼快。

研究者建议，同样性质的安排可以产生黑鲔鱼卵。不管怎样，量产的工厂养殖黑鲔鱼（从卵开始到养肥的成鱼）可能还是会取代野生和饲养鲔鱼——对于这种可以自由游来游去的雄伟鱼种而言，确实很可悲。

哪种鱼可能适合做大鲔鱼的代理孕母？ 答案是黑鲔鱼的小表亲——青花鱼。

第四十章
料理鲔鱼

“现在，”卓南说：“你们要怎么把202千克的鲔鱼放到寿司料柜里？”

巨大的鲔鱼是体型最大的管状鱼。为了用鲔鱼做寿司，要依循五片分解法把鲔鱼去骨切片，只是使用的工具不同。在鱼市场，专业的切割者首先用工业用桌锯和长剑般大小的刀子切割大鱼。

卓南说：“没有人会买一整条鲔鱼，你可以要求买某些部位：半背肉、中间肉、腹肉。你也可以只要鲔鱼肚——1千克大约150～170美元。或者你可以买鱼的一整侧，包括鲔鱼肚在内，这样价格会比较低。”

为了今天的课程，卓南买了一整块四分之一的鲔鱼切片。他走向冰箱，转头看看那位怀孕的女学生。

“你们知道吗？如果你们怀孕了，最不能吃的东西就是黑鲔鱼。它们的汞含量最高。”

20世纪50年代，日本南部宁静的海边小镇水俣市，猫开始在街上不由自主地跳舞。不久，数百人的四肢麻痹，说话变得模糊不清，眼睛视野变得狭窄，还会不由自主地颤动。有些人的肢体开始扭曲；有些人则撕扯自己的皮肤；女人产下畸形的下一代。最后，这种疾病追溯到鱼，鱼体内充满了汞，这是因为附近一家工厂一直把废弃物倒进海湾。

现在，美国产生的汞有很多是由燃烧碳的发电厂散发的。在空中传播的汞能从一家工厂的烟囱传到半个地球之远。水底的火山也会喷出汞到海中。

和多氯联苯一样，汞经由食物链向上传播，在高级的猎食者身上生物累积。黑鲔鱼是最高级的鱼类猎食者。孕妇或可能怀孕的人不应吃鲔鱼，小孩也一样，其他人则应限制鲔鱼的食用量。即使是罐装鲔鱼也有危险。

“我们今天有黑鲔鱼吗？”怀孕的女士问。

“不，我们买不起黑鲔鱼！我买的是大目鲔。即使是买这个也会让我惹上麻烦。”

卓南拿出一个约90厘米长的包裹，外面用白纸包着。这是从夏威夷空运来的。他剥下包装纸，接着剥下绿色胶膜。

“真像圣诞节！”他说。

里面躺着一大块深红色的肌肉。这块长形的肉从中间附近隆起，在一端逐渐缩减。横切面是三角形——这块结实的肉重约6.2千克。

卓南说：“味道很重，你们有闻到吗？我闻到了。鱼皮还在上面。”他把它整个打开。“嘿，好鲔鱼。”在底部连着皮的地方，有着漂亮的淡色鲔鱼肚。

“按惯例，只有主厨能切鲔鱼。”卓南说。在哈玛荷摩沙，就连卓南也没多少机会获准为寿司吧切鲔鱼。这是哲的工作，有时这任务会落到其他比卓南资深的师傅身上。今天卓南难得有机会处理一整块完整的鲔鱼块，他把大部分机会让给学生。

卓南抓着一个寿司料盘，把它放在鱼块上，托盘的前后两端齐平。他提醒学生，寿司料盘的长度是三掌宽。他把托盘移开，量了三次四指的宽度，然后刀刃就往鱼块落下去。他把刀子压在鱼肉上，轻轻地笔直锯下去。最后，他额外施加一点压力，切穿鱼皮。他举起那一大块肉，放到金属盘上。卓南把刀子递给马可斯，说：“该你了。”

马可斯又量了三次掌宽，吸了一口气，笔直切下去，大家都仔细观看。

“很好！”卓南说。

卓南收回刀，切下第三刀，也是最后一刀。现在已经进入逐渐缩减的尾端部位了，鱼块变得比较低矮、短小。之后，只剩下一点点三角形的肉块，只有几厘米长。卓南解释，往尾巴的方向，鱼肉的纤维较多，价格也较低。他把这些鱼块放到金属盘中。卓南举起第一刀切下的鱼块，放回砧板，它的横切面形状是高低起伏的山峰，越过山脉宽阔的底部，下面贴着砧板的那面是平坦的，与皮相连的肉是淡粉红色，充满脂肪，尤其是接近腹部的那端。

往峰顶方向看，肉的颜色转为较深的红色，肌肉纤维的纹路沿着 U 字形曲线穿越横切面，好像地层。在其中一侧，山峰的颜色紫到接近黑色。这是鲔鱼燃烧氧气的中心，也是产生热能的装置，这里集中了大量的肌红蛋白。

卓南说：“这是血腺，假如你把皮和血腺留着，隔天鱼就会发臭。”他把那块深色边缘肉割下来，扔到垃圾堆。然后他把刀子转平，切下剩下的山峰。卓南举起这片深红色的肉。这是鲔鱼肌肉中最深处的边缘，紧贴着脊椎。

他说：“非常软的肉，通常不适合做寿司。但是做鲔鱼细卷倒是还可以。”

卓南检查铲平的山顶，盯着肉表面上一个环状的不规则形状，指着那个地方解说道：“鲔鱼会得一种轮癣，你绝不会想用那部分上菜。轮癣外围那一圈的肉变得水水的。”

寄生虫比较常进入较小的鱼体内，不常进入鲔鱼体内，因为鲔鱼多半在深海游泳，离海岸很远。但是寿司师傅还是必须小心提防寄生虫。卓南把虫割掉，扔进垃圾堆。

下一个步骤是把那一大块鱼肉切成比较小的鱼块，放进寿司料柜，这又是全新的挑战。寿司师傅想要一些整块都是鲔鱼肚的鱼块，这样他们可以索价较高；一些整块都是平淡老红肉的鱼块，卖价比较低。

此外，当寿司师傅在寿司吧切下小鱼片时，他希望那鱼片呈现出漂亮的长菱形，上面有很多优美的纤维线条贯穿每一面，而不是只有几条长线从一端连到另一端。

为了达成这些目标，他们需要反向思考。寿司师傅作了一些不成文的规定。一如往常，他们用手指来测量东西。

卓南以三指幅度沿着缩短的山脉测量。他打算切下的寿司料厚片，垂直立在峭壁面里头。三指宽比鲑鱼的寿司料小一点，但之后当他从寿司料上切片做寿司时，他会从对角线切，这样量起来就是标准的四指宽。鲔鱼对角线切片比单纯的长方形切片更吸引人。

他很满意地把刀子从侧边插进山腰，从顶部算来三指宽，水平切穿山脉。他把这块拿开，原本山顶所在之处留下一片平原。他重复这个步骤。接下来切的那块更接近底部，而且比较宽。剩下最后一块，大约有三指高，腹缘是淡色的，布满脂肪——是鲔鱼肚的材料。其他部分是粉红色的，带着一些脂肪——是很好的中腹肉。

水平切下的鱼块还是太大，放不进寿司料盘。卓南笔直往最后一块切下去，每次量出一个拇指的宽度。这当作两指宽的握寿司鱼片有点不够，但是师傅用寿司料切片时，会从某个角度垂直切下，切片会够宽，而且看起来还更吸引人。

卓南从皮上切下一块新的寿司料。多亏了最初那几刀，它们的长度都是正确的。有些全都是鲔鱼肚，有些全都是中腹肉。上层的鱼块则是红肉。肌肉纤维的纹理横越每块寿司料的左右两侧。卓南指着剩余的皮，还有一点肉留在纤维表皮上。

他说："这就是辣鲔鱼的来源。"随后将会有人用汤匙把那些肉刮下来。

还剩下两大块鲔鱼，每块都是难以对付的肉山。卓南把一块放在凯特隔壁同学的砧板上，另一块则放在凯特面前。

"好了，现在轮到你们了。"他停了一下，脸色很严肃，"如果你们需要协助，请务必对我说。"大目鲔不是最好的鲔鱼，但是今天的鱼块仍然价值 200 美元。

"这不是你们害羞的时候，需要协助就叫我。"凯特站在肉山前，她的砧板上从没放过这么大块的东西。她看看这块巨大的鲔鱼肉，然后看看卓南，接着又回头看着巨大的鲔鱼肉。

《绮罗罗的寿司》中，绮罗罗从不曾处理过昂贵的鲔鱼大肉块，她刻意回避这个工作。她试图恢复古东京传统寿司从前的荣耀，而且她比较喜欢处理较朴素的鱼和贝类，它们在鲔鱼兴起前是很受欢迎的。绮罗罗在寿司制作大赛的劲敌（全身肌肉的男师傅阪卷）则是切割他所找到的最大、最贵的鲔鱼肉块，藉此炫耀一番。

凯特举起刀子，从肉的一侧把血腺削下来。她剥掉一片紫色的黏稠物，血腺的位置很深，而且形状不平整，她只除掉了外缘而已。卓南插手把剩下的部分切掉，然后又让她自己处理。

凯特把头歪向旁边，水平切进峰顶，移除山顶的软肉。那部分很容易处理。她往下量三指宽，吸了一口气。

凯特再次从旁边切进山脉，她水平移动刀，很仔细地切。那块肉切下来了，她把它放到旁边，把剩下的山交给下一位学生。

卓南检视肉块剩下的部分。

"哦！"传来卓南的声音，他摇头，"那不直，不该是这样。"

凯特是沿着水平线切，但握刀的角度却不是很平，刀尖比刀柄低。被斩首的鲔鱼山顶部不平坦。

“亲爱的，”卓南频频摇头说，“这样会很难修复。”

凯特羞得缩进厨师服里，她小声地说：“对不起！”

学生在练习处理鲔鱼块时，卓南用酱油浸渍从顶端切下的内部软肉，就像是19世纪街头摊贩的做法一样。当所有学生都轮流切过后，他要大家利用剩下的上课时间练习明天要考的寿司和生鱼片。

卓南静静地站在砧板前。他捏了简单、完美的鲔鱼握寿司，还有用海苔包起来的细卷——这些都是用浸渍的鲔鱼肉做的。他把红、白、黑组合的寿司摆在一个黑色漆盘上。这个盘饰很单纯，表达出对日本饮食艺术的敬意。

学生的盘子上放满握寿司和生鱼片，只有一盘例外——凯特的盘子上空无一物。她没练习，而是在厨房里煎甜蛋卷。

卓南往厨房看去，问：“你一直都在这里煎蛋吗？”

“对。”凯特低语。

卓南看看地板，转身，走开。

第四十一章
寿司功夫

考试当天，凯特八点把车开进哈玛荷摩沙餐厅后面的停车场。她那天早上就已经觉得很难熬了，她前晚直到凌晨一点才睡觉。四点二十分她连忙起床，先去加油，然后去星巴克，刚过五点就到了自助洗衣店。当她从烘衣机里拿出厨师服时，她看到衣服前面还有一大块棕色的污渍。

在哈玛荷摩沙的停车场上，她看到餐厅顾问杰夫坐在车里打手机。杰夫注意到她，跟她挥挥手，指指自己的手机，要凯特几分钟后再回来。她点点头，把她的工具拿进去。

终于啊，凯特心想，她就将要知道夜总会的工作有没有着落了。她在女厕盯着镜中厨师服上的污渍和黑眼圈。

她回到停车场时，杰夫摇摇头，意思是夜总会还没给他回复。“不过你很抢手喔！”杰夫说完就开车离开了。凯特站在停车场，视线尾随他而去。

教室里，学生把工具铺开来接受检查。卓南大步走进来检查刀子，在拇指甲上轻敲刀片。

“请伸出指甲和手！”他大喊。学生伸出手，卓南绕着桌子逐一检查。好几位学生把厨师服漂白过也熨过了。卓南看了一眼凯特厨师服上的污渍，捧腹大笑。凯特的嘴唇抿成一条直线。

俊匆匆走进来，拍拍手说：“开始吧！”学生一一就位。俊走到桌前，手上拿着附有计分表的夹板。餐厅有关门的危险，连带着学校也有关门的危险。此时此刻，这班学生就是俊仅存的希望了。俊发出一项指令：

“圆柱状削皮。”

学生一致伸手拿取一块大萝卜。俊把眼镜降到鼻梁上，绕到桌子角落看凯特。几周前，这样做可能会让她很焦躁，但现在她只是镇定地继续削皮。俊在夹板上草草记录，然后沿桌移动。学生陆续把萝卜片放在砧板上折起来，开始把它们切成细丝。当刀子碰到木头时，轻敲的声音就取代了宁静。每个学生面前都慢慢累积了一堆白色细丝。

俊回到凯特的位置观看。他轻声说：“不是这样。”凯特停止工作。俊模仿凯特的姿势，直挺挺地面对桌子，低着头，髋部和砧板呈直角。他摇摇头。

俊右脚往后退了一步，身体和砧板呈四十五度角。“要像**这样**。”他分开双腿，脚站稳，姿势降低，收缩全身肌肉，深吸一口气，像个武士般大声吼出：“嚇！”其他学生吓了一跳，纷纷抬起头来看。俊抓起凯特的刀子，切的速度之快，声音仿佛在开机关枪。

俊大喊：“力量从姿势进入你的手臂，然后进入刀子！”他停下来看看大家说：“你得要有好姿势才行，姿势！”

凯特缓缓点头。马可斯仿佛刚看了一部功夫片。他睁大双眼，转回砧板，他降低身子，摆出运动员的姿势，开始切片，想要跟俊的速度较量。俊闲晃过去看他。突然间，深红色的血液涌出，淹没了马可斯的白色萝卜片。马可斯扔下刀子，抓住手。俊盯着血看了一会，然后看着马可斯的眼睛说：“你的手指没了吗？”

马可斯痛苦地挤出微笑说：“还在。”他在袋子里翻找创可贴。

俊转向班上其他学生，大声喊道：“停！退后一步！”学生离开桌子。俊用手指触摸每位学生的萝卜丝，然后检查地板有没有掉落的食物，在夹板上潦草记录下来。

“好了！”卓南说：“生鱼片、三点摆盘、鲔鱼。”

卓南打开冰箱，拿出他昨天切的大目鲔鱼块。这项作业很简单。九片鲔鱼分成三组排在盘子上，还要有配菜装饰。

“你们有五分钟时间，”俊说，“开始。”卓南按下秒表。

每个人都在盘子上压挤了三堆萝卜丝，每堆萝卜丝旁还撑着一片紫苏叶。随后大家都开始切鱼，几刀下去切穿鱼块，产生整齐划一的深红色鱼肉骨牌。凯特落后了。

学生接二连三很快做好了，退离桌子。卓南瞄了一眼秒表，然后看看凯特的盘子，又看看秒表。计时的数字飞快超过五分钟的标记。凯特一摆好最后一片鱼，卓南随即按下秒表说：“时间到。”俊巡视全场，为每位学生的摆盘打分数、给意见，他最后来到凯特的工作台。

他说：“你的切片可以再高一点，不过这个作品很好！”凯特歪着头研究她的摆盘。

“好了，各位，切得非常好！”俊说，“接下来是什么？寿司！我要看你们的寿司！”

大家匆匆抓取一碟碟的鲑鱼、真鲷和虾。

“快点！快点！”俊大喊，“大家都准备好了吗？”他们还没准备好。他扯开喉咙大吼：“**快点**！”学生终于准备好就位了。

“我要看到六个寿司——**很好的寿司**。”俊停顿了一下，说：“开始！”但他们才做了两个握寿司，俊就喊停了。

“练习就好，”俊低声嘀咕，“我不考你们了。”他靠在卓南的砧板旁。

“你们做握寿司几天了？”俊问。

“每天都做。”有人说。

俊皱起眉头：“你们这些人真丢脸。你们卷寿司做得很好，但握寿司呢？不好，你们练习了吗？”

凯特过了一会才理解俊不是针对她，他在骂全班。俊绕着教室走来走去，看每位学生捏寿司。他们的手肘紧紧贴在两侧，弯腰驼背，饭团都要贴到脸上了。每个握寿司几乎都要花上一分钟才能完成。

俊摇摇头。然后他突然笑了：“当你们做寿司时，那是魔法！”他眼睛闪耀着光芒，如此说道，“看我来展现魔法！”

俊把手伸进马可斯的饭盒。学生被迷住了，纷纷放下寿司来看。俊用手指把饭隐藏起来，把手举离身子，仿佛当他张开双手时，一只白鸽会振翼飞出。他以炫丽的动作快速捏、转了几回，就像魔术师洗牌般。整个过程花了不到十秒钟。他打开手掌，展现一个完美的握寿司。

“不是像这样。”俊说。他把手掌摊平，让人清楚看到他转、捏那个团饭，动作单调而缓慢。他的手再度戳进饭里。他打开手掌现出来。

“已经是个寿司了！”

他已经做好一个握寿司了，而且只用一只手做。

“看看我手这边。”

学生围过来。他示范给学生看如何把饭捏成握寿司。他把饭压在手指关节的底部和中间形成的弯曲部位，然后再用双手组成握寿司的最终形态。他的手动作相当快，看起来的确很像魔术。

有句古老的日本三行俳句诗说：“随着巫术与魔法的动作，捏出寿司饭。”一位19世纪的日本观察者写道：“寿司师傅的手部动作仿佛忍者的手部动作。”

漫画中，绮罗罗与那位全身肌肉的男师傅比赛时，每位师傅要用武术风格捏出握寿司，例如飞燕式、石塔式、云中龙式。

事实上，日本真的寿司师傅依据所属的不同流派，采用不同风格的握寿司制作技巧，日文称之为“技”。真正的风格名称没有漫画中那么异想天开——真手翻、小手翻、侧手翻、直立翻和拇指握寿司。

绮罗罗的老师教她捏握寿司时要加入神明的力量。他说：“捏的过程可以只用一只手完成，但是要结合每一粒饭时，就必须用双手。双手握合时，看起来好像在跟神明祈祷，不是吗？你必须用技巧做握寿司，而不是用身体力量来做。假如能做到这点，寿司的灵魂就会进入你的手中。“

“寿司的灵魂？”绮罗罗问。

“在你合拢的双手中，灵魂抵达，寿司就此诞生。”

与此同时，为了准备寿司比赛，绮罗罗的劲敌阪卷的准备方式则是浸在冰冷的瀑布下，像个作战前的武士。他穿着忍者的锁子甲抵达寿司吧。

相较之下，俊对学生的要求并不多。

“我要你们做十个握寿司。”俊说。他再次悄悄走到凯特身边，看着她做，然后阻止了她。

俊再度摆出姿势。仿佛忍者伸手拿飞镖般，他伸进凯特的饭盒拿了一球饭。

“嚇！”俊的手飞过身体，手指模糊展现难以理解的动作。留着小平头的他着实可以当个佛教武僧，表演迷人的莫德拉舞（指印度古典舞蹈中具有象征意义的固定姿势，尤指手或手指的动作）。东京北部有个禅寺，里面有个佛教寿司贤者的石雕像，他的双手压在一起捏寿司，就像俊现在的动作一样。俊张开双手，里面出现一个完美的握寿司。他收缩全身肌肉，再次咕哝。

“你了解了吗？”他看着凯特问道，“懂了吗？”

凯特点了点头，她弯曲膝盖，收缩肌肉，抓起一些饭然后大吼：“啊啦！”

第四十二章
忙碌时刻

星期五是卓南在哈玛荷摩沙工作的最后一晚。就在餐厅开门前，总厨哲悄悄离开，带回一个给卓南的礼物，装在特百惠的盒子里。他把盖子打开，露出有橘色条纹的白色黏稠物。

“熟寿司，”哲说，“寿司的祖先。”

哲把几片生鱼和白萝卜、姜、胡萝卜混在一起，据闻这些原料含有抗菌的特性。他撒上清酒，拌进熟饭，然后把这包混合物塞进了冷藏室里的后方，让它在那里发酵——大约五个月。这是一种原始形形态的寿司。

卓南精神一振：“我以前从不曾吃过那种东西。”他用厨师筷挖起一小团，举到嘴边。哲伸出一只手阻挡他。

“你生病了我可不负责。”哲说。

把鱼用发酵的饭包起来的整个重点，就是要让这东西能吃。因为饭已经发酵，产生了乳酸，理论上这可抑制有害细菌生长。哲利用数千年前的智慧，而且还有现代冷藏技术的优势。不过，在现代，自制五个月前的食物给朋友，还是签个弃权声明比较保险。

卓南表示同意，然后把那团东西放进嘴里，他嚼了嚼说：“尝起来像奶酪。”

到了晚上六点半，用餐室几乎客满，寿司吧也有几位客人。吧台后方，印票机传出各桌点菜单。

凯特身着厨师服从厨房走出来，站在寿司吧后面出入口旁的走道，双肘靠在取菜台上。从那她可以看到寿司吧后方的工作区，从后方观察那些师傅。

有一组四位客人坐上吧台位子。他们是常客，认识所有师傅。他们向哲和卓南打招呼，对哲说要点主厨推荐。

印票机再次卡嗒卡嗒作响，送出更多点菜单。师傅抓起原料，压卷、捏出握寿司。卓南示意凯特，他指指手上的酪梨。她跑回冷藏室，抱了一堆酪梨回来。卓南匆忙抓起酪梨，转身回到砧板前。凯特回到走道。

一位客人为师傅点了一轮饮料。墨西哥籍的餐厅杂役挤进师傅的工作区，为哲送上啤酒，为卓南送上健怡可乐，他眉开眼笑地大喊："干杯！"

哲喝下啤酒，又做出一碟握寿司。印票机卡嗒卡嗒作响，送出更多点菜单。哲仍然没机会送出主厨推荐开胃菜给客人。

卓南大口喝下健怡可乐，做好一大盘卷寿司，他赶紧把这盘卷寿司拿到送菜台。地上一块湿湿的地方让他滑了一跤，差点让盘子掉下去。他破口大骂，凯特缩了回去。印票机还在继续送出点菜单。

在寿司吧后方狭窄的空间里，师傅翻转、奔跑、切片、压合。一位助理厨师在哲膝盖位置的矮脚柜里找东西，而哲则在另一位师傅的脖子位置，用刀砍击鱼块，同时墨西哥籍的洗碗工正拼命地拖进一盆干净的盘子。厨房师傅每隔几分钟就跑进跑出，从火炉或油炸区拿东西过来；女服务生溜进工作区问师傅他们点菜单的进度。凯特试着不要挡到大家的路。

哲送出开胃菜给那群点主厨推荐的客人。当他们品尝第一道菜时，他拿起对讲机，请厨房准备一道熟食菜肴，让他有时间处理那排点菜单中有桌客人点的大量握寿司。他浏览那张点菜单，记住内容，然后切第一轮所需的鱼。

他右脚往后退了一步，摆好寿司战斗姿势，就像俊当天早上示范给学生看的那样。他把一根手指浸入一碗水中，很快搓搓双手，拍了两下。他的骨架健壮结实，他收缩全身肌肉，然后把右手伸进饭桶里。他的手从盒里飞出来，手指经过山葵时，迅速沾起一点。他的左手从砧板上抓起一片鱼片，右手手指在鱼片下方刷了一下，留下淡绿色条纹。一团圆柱状的饭刚刚在他右掌间形成，紧压在左掌的鱼片上。在电光石火间，他的双手以宽弧状掠过胸膛，降至左臀部，上半身扭转到左侧，双腿则随着连续小踢步起舞，当他双手停在一个干净的盘子上时，一个完美的握寿司出现了。整个过程只花了七秒钟。

哲的手再次飞出时，已重复跟先前完全一样的过程，手中做好第二个握寿司了。当他又加快速度时，他的双腿舞动，躯体旋转，双手以宽弧状轻拂过身体，另一个完美的握寿司出现在盘上。

哲靠在鱼柜上拿取另一个鱼块。每隔几分钟他就往后屈身，从印票机拉出更多点菜单。他全程都保持双腿站开的战斗姿势，只有上半身以陡峭的角度来回倾斜，仿佛在闪躲子弹。

客人为哲倒了更多啤酒，他停下来，把啤酒一饮而尽。他礼貌地点点头，手迅速伸回饭桶。他完成了大量的握寿司点菜单，又灌进一杯啤酒，接着要做卷寿司。

卓南一边要处理一叠桌客点菜单，一边要为吧台客人上菜，也是忙得不可开交。他抓起火焰枪，蓝色火焰发出嘶嘶声，烘烤客人点的比目鱼缘侧鳍肌。

客人为师傅点了更多的饮料。在哲的客人当中，有位女士对着卓南微笑。

“我们爱你，卓南。”她说。

卓南朝她点了一下头说：“谢谢。”他继续工作，然后宣布今晚是他在此工作的最后一夜，她呆住了。他喝了一大口健怡可乐，然后又压合一条卷寿司。

厨师匆匆经过凯特，挤进吧台后方，送上哲的主厨推荐的第二道菜。还有人急忙经过，巧妙地闪进去送炸虾给卓南做卷寿司。杂役送了更多啤酒给哲，又拿了一罐健怡可乐给卓南。有人推挤到哲，幸好当时他手上没拿刀，不过他正在排放的卷寿司被弄散了。

客人举起他们的杯子，师傅也举起杯子，大家齐喊：“干杯！”

哲喝光他的啤酒，把杯子倒过来举到头上方，表示杯里空了。他回去工作，把放在柜台上的一根筷子碰落了，筷子当啷一声掉落在地板。筷子经过卓南时，卓南舞动闪开。哲拿起一双免洗竹筷继续工作。他转身从后柜拿了四个盘子和四个酱料碟，一声当啷碰撞声传来，随即盘子开始掉落。哲连忙降低身子，用杂耍动作把它们全都接住了，深吸一口气说：“好险。”

到目前为止，卓南已经用光他大部分的蔬菜和配菜了。他把头探出到大厅，要凯特去冷藏室补充东西。当她回来时，其他师傅又遣她回去多拿几样东西。

这次凯特回来时，卓南突然从吧台冲出来。他推开她过去，手上拖着空饭桶。几分钟后，他怀里抱着一个满满的桶子，边吼边挤回去：“借过！”

凯特往后退。她转身，推开通往饮料区的吧台门，然后进入后寿司吧，那里很安静。她缓缓深吸一口气。

后吧台没有营业。但是俊在那悠闲地为一对日本朋友上菜，一位寿司师傅和他太太。俊轻啜一口苏格兰酒，和他们说笑。拓美在那帮忙，加入朋友聊天。俊看到凯特，微笑示意她加入。

在前寿司吧，哲从冷藏室抓了满手的虾回来，虾脚挥动、尾巴劈啪作响。他把虾一只一只地剥成两半，把壳剥到尾巴，虾肉随着收缩而跳动，直到他把虾切开呈蝴蝶展翅状。

一位客人为吧台所有的人点了一大瓶清酒，包括客人和师傅。吧台边整排客人和师傅都举起杯子。

“干杯！”所有人大喊。

桌子的客人一桌接着一桌举起酒杯：“干杯！”

当他们都把杯子举到唇边时，一阵突如其来的宁静降临用餐室。卓南打破了这个宁静，他大喊：“星期五快乐！”却没有笑容。当卓南接下来转身要找凯特时，她已经不在那了。

这群点用主厨推荐的常客付账后离开，随即又有一组新客人占据位子，是一对夫妻带着两个脸上挂着闪耀饰品的女儿。他们一直在等卓南，因为他们知道他要离开了。另一对客人坐下来，也点了卓南的主厨推荐。他排好六个盘子，挤上一团山葵和腌姜片。

更多客人涌入餐厅。一群穿紧身裙的女人挤进玄关，后面还有更多对客人。印票机吱吱作响，继续传出点菜单。师傅抓起点菜单，敲打地上的海苔片，做出更多卷寿司。等待空桌的客人愈来愈多。某桌的客人要求哲出来和他们喝清酒。他加入他们的行列，大口喝完一杯：“干杯！”

当哲回来时，那家人的先生为他倒了更多啤酒。卓南拿着杯子加入他们再干了一杯，不过他的第二杯健怡可乐已经空了。

“这些残忍的客人啊，我连杯饮料都没有吗？”他跑出吧台，回来时杯子是满的。一家人和师傅举起杯子，卓南把健怡可乐用力举到头顶，瞪着整间用餐室。

“干杯！干杯！”卓南脸庞闪耀着汗水的光芒。

整间餐厅的人都举杯大喊：“干杯！”

在后面寿司吧，俊鼓励凯特和客人聊天。她度过了美好的时光，与客人聊天，也和俊、拓美说笑。最后，俊为这悠闲的一餐画下句号。凯特道了晚安，到洗手间换下制服，换上长裤和紧身衬衫。

同一时间在前寿司吧上，师傅的鱼快要用完了。卓南快速跑进冷藏室，拿来一块约 60 厘米长的鲑鱼厚片，垂挂在他的双臂间。他举刀飞舞一番，在工作台上把这厚片切成块。

凯特从洗手间现身，回到走道，双肘靠在前寿司吧后方的送菜台上。她看着卓南工作。她想跟他道别，但她不知该怎么做。几分钟后卓南注意到她。“等一下，甜心，”他小声地说，“不要离开！”

卓南粗暴地做好一些卷寿司。然后他从寿司吧地板往上跳过两小阶，来到玄关。他双手都是鱼腥味。他挺直双臂，压在凯特身体两侧，手指紧握在拳中以免碰到她。他搂了她一下，就像捏寿司那样，然后放开她。

“保重！”他匆匆回去寿司吧后方。

第四十三章
醉酒的大师

半夜，用餐室几乎空荡荡的，敬酒一直持续到结束。现在，只剩下最后一群客人还在角落那桌逗留。

寿司吧后方只剩下哲还留在那。其他师傅已经净空鱼柜，打扫干净，纷纷离开了。哲留在吧台后把最后一些零星物品收起来，看到吧台角落有满满一杯啤酒。他越过屋内向那桌高喊：“干杯！”还没等到任何回应，他就举杯一饮而尽，然后把杯子翻转过来。他擦擦嘴，说：“我觉得真糟。”

后房空荡而灰暗，只有一排灯照在后寿司吧上，照亮站在吧台后方的拓美，他像是舞台上唯一的演员。他身旁是个钢桶，装着剩下的寿司饭。

拓美的右脚用力往后站稳，这样跟流理台就呈四十五度角。确定好姿势后，他把手指浸入一碗水中，拍一拍，一手伸进饭中。他把两手合在一起，捏压、翻转，再次捏压、翻转，然后又放了一个长形饭团在流理台上。流理台上布满许多他已做好的长形饭团，有四五十个，像墓碑般摆了长长好几排。

拓美不断重播那天早上的画面，俊在教室桌前，像个功夫魔术师般迅速做出握寿司的情景。拓美把手伸进桶中拿取更多饭。

摇摆门砰地一声打开，哲蹒跚走进后吧台后方的工作区。他沉重地靠在流理台上，审视拓美的技巧。拓美和其他学生一样，还是把握寿司拿得太贴近脸。

哲咕哝一声，开口说话：“像那样整个人弯腰驼背，没有人会想吃这种人做的寿司，一点都引不起食欲。你必须让这个过程看起来很富有戏剧性。那样他们就会想吃。”

哲挺直身子：“你要决定一个让你很自在的动作。手臂举高，手臂要往外离开你的两侧身体。手要放松，如果你手臂太紧，你会把自己累坏。”

哲把手伸进拓美的饭桶，滚出一团圆柱状白饭。

“用你的大拇指在饭上用力按出一个洞。”哲说。这是寿司师傅的另一个窍门。先把饭团弄出一个凹口，能在握寿司内部引进空气和空间，如此一来，吃的时候，握寿司就能轻易在嘴中散开来。

哲的脚步站得不稳，但是他把圆柱状的饭在洞口周围合起来，手指弯成正确的角度，把那团饭压成一块完美的矩形小包。这一切都用一只手完成，而且另一只手还在饭桶里。

“一段时间后，就会变成下意识的动作。”哲说。他的眼皮下垂，看起来好像快要失去意识了。

哲把这个矩形饭团折成两半，让拓美看它的横切面。中间的饭是松散的，空间比较空，而边缘则是挤成堆的饭，形成坚实的墙。

“你要用全身力气来做。”哲说。他摇摇晃晃地往流理台靠过来，左手假装拿起一片虚构的鱼片，把双手合在一起。当他在捏挤、翻转握寿司时，他的双手越过身体前方，画出一个很大的弧形，这个动作就跟他稍早在寿司吧后方做的一样。

“从开始到完成，你每次都要用同一套动作。当你这套例行程序接近尾声时，你的握寿司就完成了。”他让矩形饭团落到流理台上，让拓美的饭团墓地又多了一块。

拓美点点头。

“你也要有能力根据客人和情况，调整握寿司。”哲继续说道。寿司师傅的工作不仅仅是做寿司而已。一位好的师傅，对于坐在他寿司吧前的每一位客人，都必须能迅速判断。

“或许他们想要快速吃个午餐，”哲说，“如果是这样，你就用多一点饭做又好又肥厚的握寿司给他们；假如他们是来享用一顿悠闲的晚餐，你就只要在每个鱼片下面放薄薄一团饭；如果他们喝清酒的话，甚至可以放更少饭。你要学习观察他们的脸色，判断他们是来喝酒还是吃饭。”

“而且当然啰，如果是男客人，你通常会把握寿司做得稍微大一点，女客人，则稍微小一点。但这还得视个别情况而定。注意，如果一个高大、胖硕的男人在寿司吧坐下来，你会认为他喜欢吃碳水化合物，对不对？所以你就用多一点饭做握寿司给他。但你也要看清客人当时的心情如何，他们当天来寿司吧的目的是什么。”

哲笑了起来：“如果是美国客人就不一样了。你必须判断他们有多少吃寿司的经验。很多美国人把握寿司的饭浸到酱油里，而不是用鱼那侧去沾酱油。嗯，当然，那样，做得好好的握寿司就会散裂开来。所以，为他们捏握寿司时，要捏紧密合些才行。但如果你对日本客人这么做，他们就会对你说，你的寿司糟透了——太紧了，无法在嘴里融化。”

小野二郎遇到西方客人时，就是遵循这套做法。“我为外国人做的寿司紧到日本客人拒绝吃。”小野有一次这样对采访者说。很可能许多热爱寿司的美国人从来没吃过正统的握寿司。选择使用筷子而不用手指来吃的客人，他们的握寿司饭团也要紧实些。

拓美往下凝视他那几排矩形饭团：“所以，实际上我们必须依照客人的需求来调整？”

哲点点头：“那是寿司师傅的工作，你必须明白客人的需求是什么，然后调整。”哲缓缓离开。拓美伸手拿了更多饭，继续练习。

过了一会哲回来了。他换下制服，寿司大师的感觉消失了，他像个体型过大的男学生，靠在流理台上观看。他健壮结实的双腿从短裤里伸出来，他还把棒球帽反着戴。

拓美把手指浸入一碗水中，然后拍一拍。哲阻止他说：“太多水了！”他告诉拓美，绝不要把两只手都浸到水里，“如果水太多，你的握寿司会散裂开来。”

哲示范给他看。他只把右手食指弄湿。他就用那只湿指头，在左掌中画了一圈水渍，然后摩擦双手，仿佛抹肥皂般，把一层薄薄的水渍布满皮肤。他把右手弯成杯状，敲了左掌两次。

“我每次都完全照着这样做。”哲说。既然他的手处于最佳状态，哲就把手伸进饭桶，做了一个矩形饭团，用另一只手拿起一片想象中的鱼。他两手压合，把双手画个弧形越过身体前方，捏合、翻转，捏合、翻转，猛地扔出一个握寿司。

他重复浸水的例行程序，手伸进饭桶挖了更多饭，双手在空中挥舞，砰砰砰地扔出一个又一个的握寿司。

哲提醒：“做一个握寿司绝不应超过十秒钟，当你很忙时，你还得在五秒内做好。”他又飞快地做完例行程序。

“所以做每个握寿司时，都要数到五。你一把手放到饭上，就开始数，并且随着整套动作移动你的身体——都在五秒内。握寿司必须在结束时完成。”

哲和自己竞赛，“五秒！”双手现在迅速飞舞过身体；“四秒！”他降低姿势，把手浸到水中，摩擦，拍击，双手飞舞；“三秒！”。

他让拓美自己和自己竞赛，他则回家了。

拓美试图掌握哲的窍门，一开始很慢——水，中空的矩形饭团，飞扫的弧形。他想，这就跟做面团一样。

他的速度逐渐变快了。他把手戳进饭中，很快做好那些动作，试图在数到五时完成握寿司。他成功了，只是把它弄得四分五裂。他往下盯着手上那团散裂、松散的白饭，然后笑了。

他试了一次又一次，他做得愈快，饭却散落得愈多。他忍不住大笑起来，停下来检视流理台上这批白色的矩形饭团。这里一定有六七十个。

拓美突然变得很严肃，每粒饭上都有七个神明，一个握寿司里就包含了五六百粒饭。拓美挺直身体，然后很正式地对着他面前的众神庙敬礼。

拓美对饭道歉，他决定一定要弥补这些神，一定要精通寿司的艺术。他用手扫过流理台，25 万个小神掉到垃圾堆了。

第九、十周

寿司店的新气象

第四十四章

料理海胆

这学期的最后几周就在愉快的时光中飞逝了。卓南不在，感觉好像解除了一个重担。哲接手剩下的课程。他不太说英语，不过还过得去。

有一天，哲对马可斯说他是个好学生。马可斯很震惊地晃来晃去；哲让凯特尽情挥洒创造力；他教大家如何做日式点心，让凯特玩饼干切割器，从日本海菜口味的吉露果冻压出五颜六色的心形。

哲教学生怎么说寿司吧的行话。寿司师傅什么东西都用行话来说。酱油念“麻鲁沙基”（*murasaki*），这是紫色的意思；山葵叫“拿米达”（*namida*），意思是眼泪，海苔念“枯沙”（*kusa*），意思是草；腌姜片叫“卡里”（*gari*），这应该是吃腌姜片时嘴里发出的声音。

哲警告学生，只有在寿司吧后才能用这些行话。他解释：“假如你是坐在吧台的客人，你就不应该用这些，有些客人认为自己很懂寿司而用这些话，但听起来很滑稽。这只在员工间彼此使用。”

哲教他们用古老方式煮饭——在火炉上用锅煮，“以防哪天你们的电锅坏掉。”他告诉他们，他小时候在日本农村，他祖母是用铁锅煮饭，放在柴火上煮。

他们练习基本寿司和生鱼片技巧。在俊严格的命令之下，哲用每堂课的最后半小时训练他们做握寿司，姿势训练也包含在内。拓美的姿势很快就进步了。

俊也教几堂课，他花了三天时间教学生如何品尝不同种类的高级清酒，每个人都有点醉意。马可斯满 18 岁那天，杰带了一个樱桃馅的巧克力蛋糕到班上，大家一起唱《生日快乐歌》，用筷子吃蛋糕。

卓南不在此，纪律也突然不见了。但在某种程度上，他再也不需要亲自在场了。凯特和马可斯每次做了什么蠢事，脑海中就会响起他的声音，凯特称此为“卓南的幽灵经过”。每过几天马可斯就会悄悄溜到凯特旁边，模仿澳洲口音大喊：“凯特，你真是**糟糕**！”而凯特则会甩过头大笑。随着学期接近尾声，他们了解到，卓南离开前，已经几乎把所有他们真正该学的东西，都教给他们了。

有天早上，哲带着一个特百惠的容器来到课堂。他把盖子打开，露出一大堆圆鼓鼓的橘色小球：鲑鱼卵。

比较便宜的寿司餐厅采买盐腌、浸渍的鲑鱼卵，但是比较好的餐厅则自行调配卤汁。标准卤汁包含惯用的一些东西——酱油、味醂、清酒和高汤。

哲用手指摸这些卵。它们外面都残留了一层黏黏的东西，哲说道：“必须把它们清理干净。”他把卵放在滤网里，用温水冲，用手指搓洗。水变成乳白色，飘出海洋的味道。

鲑鱼卵比其他鱼子酱大，一颗鲑鱼卵含有足够的营养，能喂养胚胎度过整个冬天到初春，变成幼鱼。马可斯用拇指和食指从橘球中抓起一颗，举到眼前，把它当作宝石般检视。

哲把滤网放进一碗盐水里，挑出一些白色黏膜，他说：“你们必须有耐心。”哲停下来，把滤网递给一位学生。

当学生完成时，哲用很浓的盐水盐腌鲑鱼卵。一点盐让每颗卵鼓起来，盐使里面的酵素消化蛋白质，产生更多增添风味的氨基酸。盐也使酵素强化卵壳，让卵变得比较坚实，这样吃起来比较有趣。盐腌过之后，哲会让卵搁上一整晚沥干。明天他会再把它们浸在卤汁里两三个小时。

在寿司进入美国前，美国人通常用鲑鱼卵做饵捕鱼。日本人吃盐腌的鲑鱼卵巢和鳟鱼卵巢，已超过一千年，但却是俄国人在 18 世纪 30 年代，首创将松散的鲑鱼卵当鱼子酱来吃。用在寿司上的鲑鱼鱼子酱日文念做“依枯拉”（*ikura*），这个字由俄文的鱼子酱“依克拉”（*ikra*）而来。现今，位于日本北方的苏俄堪察加半岛，一年的非法鲑鱼卵黑市交易，价值达 10 亿美元。熊也很喜欢鲑鱼卵，它们会用嘴吸出卵（一条饱满的母鱼含有 2 000 颗卵）。

鲑鱼卵最近才加入寿司的行列，小野二郎在 20 世紀 80 年代初期，应一位客人的要求，开始提供鲑鱼卵寿司。现在由于鲑鱼卵极受欢迎，以至日本食物科学家以植物油生产假鲑鱼卵的技术，已达炉火纯青的地步。

接着，哲拿出一个小木盘，上面装着淡黄色的厚片，看起来很像猫舌头。

“这是海胆。”哲说。

海胆的基因编码和人类有 70% 相同，不过还是有显著的差异。例如，人类和多数其他多细胞生物的发展是从嘴巴开始——胚胎的第一个洞变成该生物的嘴。相反地，海胆的发展则是从屁股开始。

一直到近期，日本人和美国人都还很鄙视海胆，因为海胆吃昆布。在日本， 昆布是鲜味神圣的来源，是做高汤的必需品，日本昆布养殖业者摧毁海胆。同时，在美国，工厂则用昆布制造琼脂做有盖培养皿。在 20 世紀 60 年代和 70 年代的南加州，潜水俱乐部和当地官方赞助水底捕杀海胆的团体。潜水员四处游泳，用榔头打碎海胆，为工厂解救昆布林。

昆布和海胆彼此纠缠斗争的历史源远流长。声势浩大的海胆大军成群扫过海底，以高达每天50厘米的速度前进，吃光途中所有昆布。昆布对此的回应是发展出武器防御海胆大军的攻击。昆布制造一种能哄骗母海胆的蛋白质，让至少部分母海胆以为卵受精，停止繁殖。

在日本，约莫17世纪后的某个时期，在日本本岛北海岸一处叫做北陆的地区，当地人开始欣赏海胆的滋味，由于实在太喜欢海胆了，他们开始捕猎海胆。单磷酸核酸让昆布充满风味，而由于海胆以昆布为食物，所以海胆也充满同样美味的单磷酸核酸。

海胆能吃的部位是海胆的生殖腺，不只因为它们充满美味的氨基酸和单磷酸核酸，还因为它们由15%～25%的脂肪组成。法国人烹煮海胆的历史悠久，他们会把海胆放入炒蛋、蛋奶酥和酱汁里。

1975年，南加州一位年轻的潜水员鲁迪听说，不用榔头敲碎海胆，而把海胆卖给一个日本来的人，1 000克可赚15美分。他开始用花园草耙从海底采集海胆。不久他就在自家车库处理海胆，把它们卖给圣迭戈的寿司吧。现在，他的卡达林那近海产品公司是美国首要的海胆供应商，贩售高级的加州海胆给全国寿司吧。东京筑地市场公认他的海胆是日本以外品质最佳的海胆。

哲教学生如何用一片细长的海苔围住握寿司的饭缘，撑住上面的鲑鱼卵或海胆。日本人异想天开，称这些握寿司为“军舰”，大概是因为它们看起来很像小船吧。

隔天晚上，俊在前寿司吧服务客人，拓美在他旁边工作。俊已经知道，他站在寿司吧后面工作的日子不多了，这晚可能是最后几天了。

除了最近几周有几个晚上生意很好外，哈玛荷摩沙仍一直在流失大量现金。俊决定永远结束餐厅营业。他不确定学院的未来会如何。

美国寿司似乎已把俊抛之在后了。

一位年轻女士坐上吧台。她穿着深 V 领衬衫，露出丰满的胸部。她往前倾，手肘靠在吧台上。当寿司师傅有些事情是俊一定会怀念的，他转向拓美，用日文低声对拓美说："在寿司吧工作，实在是个观赏胸部的理想角度。"拓美低头弯到自己胸口，低声笑了起来。

俊端详这个日本学生好一会儿，说："如果你在日本，怎么可能已经能站在寿司吧做寿司？"拓美学寿司还不到三个月。在日本，传统的学徒实习得花上好几年，而拓美已经年近 40 了。

拓美点点头："我会在后面洗盘子。"

"在你有机会做寿司前，你的生命就结束了。"

新客人来了，其中还有个漂亮的黑发女子坐在俊面前，她的紧身 T 恤几乎遮不住胸部。俊叹口气转向拓美："我实在没办法。每当有可爱的女生坐在吧台，我就想为她做点特别的东西。我总是切鱼特别的部分给可爱的女生，"他摇摇头，"这是寿司师傅的差别待遇。"

俊突然冒出日文："可恶，看看那胸部！真是完美！"拓美转过身子，身体因大笑而抖动。俊往下看着自己的成品，他的眼睛还不断飘回客人："天哪，我实在没办法不看。"拓美突然弯下身子，抱着肚子躲到柜台下。

周末，俊要到另一部电影的摄影场做餐饮服务，他将带拓美随行。

他们的敌手，是旁边一辆提供烧烤服务的卡车。香气四溢的烟雾像波浪般席卷寿司摊。

午餐时间，电影工作人员团团围住寿司摊。工作人员你推我挤，抢着拿自己那份生鱼和饭。拓美做一个握寿司平均要十七秒。这还是太慢。俊在他旁边，刚好每五秒钟就做出一个握寿司。拓美全神贯注，掌握步调。十分钟后，他达到每个十二秒的速度。

一小时后，人潮缩减，俊的动作慢了下来。

一位工作人员大步走过来："谢谢你们，真是很棒。我又回来拿第二份了。"还有两位工作人员也停下跟他们道谢。

那辆烧烤卡车只有少数几位客人。

俊匆匆拼凑了最后几盘寿司，把它们带到隔壁的烧烤卡车，然后拿了一些蚌壳状的泡沫塑料盒回来。他和拓美坐在货车上，把门打开，让空调运转。俊用一根塑胶叉铲起烤牛排和马铃薯，放进嘴里。

"天哪！"俊用日文说，"美国食物真棒。"

第十一、十二周

毕业了

第四十五章
最后一支舞

学院安排了最后一次特别的学生寿司吧。凯特再次邀请妈妈和弟弟来。她计划为他们做主厨推荐。

那天早上，学生在厨房忙进忙出做准备，凯特把刀磨锋利。凯特的妈妈和弟弟抵达时，凯特已进入吧台就位。

“我们想点主厨推荐。”她妈妈说——凯特事先教他们这么做。凯特点点头，她看看鱼柜里的东西。

“嗯，我看看，我可以做‘塔可’（*tacos*，墨西哥玉米薄饼）给你们吃。”凯特笑嘻嘻地说。她妈妈看起来很困惑。凯特大笑，解释说：“‘塔可’（*tako*）是日文中的章鱼！”

她妈妈皱起眉头。凯特想了一下，拿出装长鳍金枪鱼的托盘，切下五片整齐的鱼片。她放了一堆萝卜在盘子上，上面再摆一片紫苏叶，把鱼片斜组成一排。她挺身，审视盘面。她在萝卜丝上插一支蓝色装饰小纸伞。她送出这盘生鱼片时，妈妈露出欣喜的微笑。

当妈妈吃生鱼片时，凯特用烤炉烤鳗鱼薄片。她把鳗鱼连同蟹肉和小黄瓜一起卷进一组手卷里，喷上一点鳗鱼酱——这是她自己混合做出来的。她越过鱼柜递出这道手卷。

凯特做了一个蜘蛛卷。她把标准油炸的软壳蟹放在饭上，但改变食谱做法，层层铺上胡荽叶和萝卜丝。她选了一个宽面白盘，把卷排得很高雅，然后把这盘递给家人。

拿出一个装比目鱼的托盘后，凯特很快切下两片。她站直身子，把手肘和双手举离身体，仿佛在一群人面前表演般，捏出一组握寿司，就像俊示范的那样。她在握寿司上滴了柠檬汁，然后递出去。妈妈咬下去，细细品味，然后点点头说："很好吃。"

凯特放了辣鲔鱼、酪梨、鳗鱼、小黄瓜和萝卜丝在一层饭和海苔上，把它塞紧，一如卓南教她的那样。

哈玛荷摩沙餐厅存在的最后一夜，俊身着白色厨师服，在五点十五分迈着大步走进用餐室。他把前寿司吧的灯打开，检视鱼柜里的整排海鲜。

有米色条状的鳗鱼、卷得紧紧的紫色章鱼、橘色的虾；有褐棕色的大青花鱼块、红色的鲔鱼块、粉色条纹的鲔鱼肥腹肉、半透明的比目鱼薄片；有个巨蚌的淡色把柄；有不规则四边形的橘色鲑鱼块，里面嵌有Z字形纹理的脂肪；还有带褐紫色三角形暗色肌的楔形鲥鱼。这好像自然博物馆的解剖间，只差鼓励参观者吃掉展示品。

俊在吧台后就位，两侧是他的左右护法，哲站在他左边，右边则是拓美。

卓南离开后，师傅行列中留下一个空缺，拓美踏进这个位子。俊已经开始把部分主厨推荐的菜色委派给拓美。他有想象力，而且充满创造力，这对寿司而言都是好事。但拓美若无法像以前为歌迷表演那般为客人表演，那么那些就都不重要。他在寿司吧后仍然表现得害羞而保守。

餐厅经理把前门推开。夕阳西沉，逐渐落向对街的太平洋，阳光流泄进用餐室。鱼柜里色彩缤纷，白色桌布闪闪发光。几分钟后，太阳落到一栋大楼之下，鲜明的色彩随即消失无踪。一只苍蝇在寿司吧附近嗡嗡飞舞，拓美用毛巾拍打它。

俊去厨房，进入冷藏室。几个储存食物的塑胶桶现在大部分空了，他把里面的东西分类整理好，把剩余的东西集合起来。他往洞穴状的冰箱角落看去，用力拿出一颗发芽的马铃薯和一根变黑的香蕉。

俊回到寿司吧，几分钟后，三位客人走进餐厅。

“欢迎光临！”师傅大喊。

来客是凯特，一身来吃晚餐的打扮，和几位朋友一起来。俊眯起眼睛，皱眉瞪着她。她皱起鼻子，怒眼瞪回去。然后他们同时大笑。凯特引领朋友坐到吧台位子，她们点了清酒。哲开始为学生捏握寿司。

接着，俊的几位忠实主顾进来了，坐上吧台位子。有位女士已经吃俊的寿司 20 年了。他们都试着表现得很快乐，但俊看得出他们都很难过。他为他们做主厨推荐，不时交错深深地敬酒。

但却是由拓美先为凯特和她的朋友送上一盘特别的炸豆腐。凯特的眼睛睁得好大。

“给我们的？”凯特问。

拓美点点头。

凯特微笑，然后皱起鼻子，再次夸张地怒眼圆睁，不过这次是对着拓美。他接过这个诱饵，伴随着咆哮怒视回去，凯特大笑。拓美还捶打的胸口，再次咆哮，假装自己是金刚。

“来个跳舞的寿司师傅如何？”凯特问。

拓美僵住了。他缓缓举起一只手臂，旋转臀部，跳了一小段迪斯科。凯特鼓掌喝彩。

拓美回去工作，凯特则回去和朋友闲聊。两位日本男士和一位年轻的日本女士来到寿司吧，俊着手为他们做主厨推荐，拓美在旁帮忙。

拓美很喜欢乌贼。在这家餐厅的最后一晚，他准备了一道菜，是从意大利料理得到的灵感。他为日本客人做这道菜，解释说这是用酸橙汁和莳萝腌渍枪乌贼。他说话时，那位年轻女士很仔细地观察他。

客人们尝了乌贼，表示这道菜很美味。拓美向他们鞠躬，看起来很开心，继续和客人闲聊。那位女子继续观察拓美，眉头皱了起来。

凯特和朋友用餐后离开。俊为他不同批的主厨推荐客人要盘子。他把鳗鱼扔进烤炉，靠在矮脚柜上。他叹息，用英文低声嘀咕：“清酒让我好累。”一分钟后，他开始混淆，给错客人好几道菜。他摇摇头，用日文斥责自己：“不好。”

一会后，俊把主厨推荐剩余的部分委派给哲和拓美做，他就只是站在吧台中间，和客人聊天，看着大家在用餐室里进进出出。当点用主厨推荐的美国客人吃完寿司时，俊进入厨房，拿了几盘果汁牛奶冻出来，当作甜点。他在每盘上都用一组交叉的小旗子做装饰。一个是星星条纹的美国国旗，另一个是旭日东升的日本国旗。

美国客人道别离开后，吧台只剩下日本客人。年轻的日本女士忍不住一直看拓美。她用手掩着嘴，日本女性在不好意思时常这样，然后她说话了：“我觉得我以前在哪见过你。”

拓美大笑说：“真的吗？”

“没错！”她的脸庞一亮，说道，“你是不是曾在别家寿司餐厅兼差？”

拓美再次大笑：“没有，没有！”他向下瞄一眼砧板，说：“我以前在……嗯……电视上，做过一点兼差的工作。”

那女子咯咯笑，再次用手掩嘴：“真的?

拓美点点头微笑。他把手伸进饭桶，然后挺直身子。他把手肘和双手举离身体，越过身体画出弧状时捏出寿司，为客人表演。

那位女士留心观察。她还是想不起在哪見过他。她似乎在试图回想，上回她是何时在电视上看过长得像他的寿司师傅的。

新客人进来，坐在吧台位子。俊转身拿起对讲机，打给一位正在厨房实习的学生。一分钟后学生出现了，他看起来很惊愕。

俊微微一笑说："现在由你来做寿司。去拿你的刀。"学生回来后，取代了俊吧台后的位置。他转向客人，建议他们点几道菜。俊往后站，看着他工作。几分钟后，当没人留意时，俊关上刀盒，悄悄离开。

当晚晚一点时，所有的客人都离开了，鱼柜里的海鲜已经清空，地板抹干净了，流理台也擦干净了，拓美和哲穿着厨师的白色制服，独自站在明亮聚光灯下空荡荡的寿司吧里。

拓美倒了两杯清酒，然后倒了第三杯。拓美相信世间万物皆有灵魂居住其间。今晚，这个寿司吧的生命和灵魂即将结束，是师傅表达谢意的时候了。

拓美和哲杯子相碰，发出叮当声，仰头一饮而尽。同时，拓美轻弹第三杯，数千滴发酵的液体米，随着小神滑飞，横越空中，像雨般洒落寿司吧。

第四十六章
让人又爱又恨的老师

加州寿司学院的学期已接近尾声，学生接连有三个实务测验，分别要考熟食开胃小菜、寿司和生鱼片的准备。最后的书面测验则在几天后举行。

在最后一场实务测验后，凯特和马可斯跳上她的福特野马汽车，前往市中心的犹太熟食店吃最后一次午餐。浓厚的雾气从海上席卷而来，以一种日本水墨画的灰色调掩盖荷摩沙海滩。

“我很难过，课程结束了。”凯特说。

“我真的很难过要离开哈玛荷摩沙！”马可斯说，“我真的很喜欢这里。”凯特决定犒赏自己一根烟，她砰地一声打开一盒万宝路：“我现在很期待补充点睡眠。感觉好像我三个月没睡了。总是想东想西：洗衣店；我的教科书在哪？我的帽子呢？我快要迟到了。”

她静默了几分钟：“每当我做了什么蠢事，我脑中都还会听到卓南的声音。”

马可斯点点头说：“我也是。”

洛杉矶市中心近在眼前了。玻璃塔穿越一层褐色烟雾，耸入云霄。一小时后，凯特跟以前一样，坐在熟食店同一个雅座上，点了一大块巧克力蛋糕当甜点。她笑着说：“我好想知道卓南这时在做什么，他很可能在跟袋鼠搏斗吧！”她咬了一口蛋糕，望着窗外。

过了一分钟凯特又缓缓地说：“这个夏天我学得最好的一件事，就是我能坚持做好某事，甚至不顾所有的疑虑。”

一罐红色甘草糖放在熟食店柜台上。凯特记得杰说过卓南喜欢甘草糖。她向女服务生要了几根，她拿了一根给马可斯。

“不，谢了。不过卓南会很喜欢的。”

凯特一点一点地啃起甘草糖。

凯特低声说：“尽管他对我真的很坏，但他又似乎对我也真的很好，真是讨厌鬼。在生鱼片测验上，他在我放下最后一片鱼时，才喊时间到。”

他们埋单后，在外面闲晃。艳阳下，有些墨西哥女人坐在人行道路边等公交车。马可斯和凯特沿街散步，找到一块可以坐的安静路边，坐下抽烟。凯特将脸转向太阳。

“很长一段时间以来，寿司是第一个让我感到兴奋的东西。”凯特吸一口烟，把烟雾吐出来，“我很需要寿司，它给了我信心。”

第四十七章
寿司师傅大赛

俊从波音737客机中凝视窗外。当飞机往萨克拉门托下降时，可以看到绿色的原野，往北延伸越过萨克拉门托谷，是大约20万亩的稻米田。这些稻米95%是用来做寿司的蓬莱米。

一个叫做加州米饭委员会的商业团体几个月前联络俊。他们计划在萨克拉门托举办首届寿司大师竞赛。委员会邀请俊以加州寿司学院校长的身份，担任比赛主审。今晚，从全州各地提名的八位寿司师傅中，俊和其他五位评审将把“寿司大师”的头衔，授予其中一人。

20世紀60年代和70年代洛杉矶“小东京”首批寿司师傅和餐厅，也将在这场盛会中获得表扬，或者至少表扬那些还在世且找得到的师傅。俊当初在马里布找到第一份工作时，就常造访满特克的餐厅。满特克和美国其他传统寿司的中坚份子都会到场。

谣传这些人当中有几位瞧不起俊，认为他是投机取巧的人，缺乏适当的资格认证。更糟的是，俊假想他们已经知道发生什么事了——继他失去第一家餐厅后，他又把第二家餐厅搞得一败涂地。俊没想过，若没有像他这样的师傅，寿司传统便随风而逝，一般美国人可能永远都不会对寿司产生兴趣，那么甚至连寿司大师这样的活动都没有，也就不会表扬美国寿司的创始前辈了。

当飞机降临跑道时，俊看起来泰然自若。当天稍早，他在学院为学生主持最后一场实务测验。考完后，俊和杰直接驱车前往机场。俊在登机门狼吞虎咽吃掉一块奶酪比萨。

在萨克拉门托市中心，他们进入一个四层楼高的宽广中庭。一张铺着黑红相间桌布的长桌横越大厅中间，正中央竖立着一个120厘米高的冰雕，上面嵌着一个亮红色的字，是寿司的日文字“鮨”。这个为师傅先驱举办的私人开业典礼已经开始了。俊调整了一下他的灰色西装外套和红色领带，附近站了一群身穿黑色西装的日本人，一位单独出席的女士穿着精心制作的和服，真是万绿丛中一点红啊。

俊扫视那群人，保持距离。他认出了青木，他是红花日式铁板烧连锁餐厅的创办人，一头浓密的卷发和黑色眼镜，让他看起来像日本黑道山口组的成员。青木附近站着的是共同贸易公司的银发总裁金井典敏，他是第一位认清美国人可能吃寿司的人。俊的目光停留在老师父克身上，然后又转向今泉辉夫，这位师傅在加州卷发明时躬逢其盛，他现在已经坐轮椅了。

米饭委员会的会长强森发表演说，每说几句就稍作停顿，好让他的话被译为日文。

“100年前，我们加州有了第一次成功的稻米收成，这是尝试50年后的成果，那是短粒蓬莱米。”强森以手势向穿黑色西装的日本人致意。“您们让我们的事业得以开始，直至蒸蒸日上。”

委员会的主席瑞何曼走上讲台，他本身也是个种稻米的农民。他长得很高大，头有点秃。他以怪异的日式鞠躬，对着那群穿黑西装的男士弯下腰。

他说：“三分之一的加州米是卖给在美国的日本客人。我们的收成有五分之一出口到日本。在此的各位冒了极大的风险，在我们多数人不知寿司是何物时，孤注一掷，将寿司带进美国。感谢！”他再度鞠躬。

这些寿司先驱拘谨地鼓掌。有几位发表演说，其中有一位坦承，他到现在还不懂为何美国人会接受寿司，他称之为奇迹。

俊已经听烦了。

几分钟后，一位委员会的干事催促俊进入一间安静的会议室。窗帘已经拉上。俊扫视桌面，心中很快对其他评审有了底。

一位是日本人，是一个日本餐厅联盟的主席。其他人则是白人，其中包括“小东京”的州议员、一个美食杂志的作家，以及美国烹饪协会的厨师指导。有位评审还在路上，他是萨克拉门托一个拥有烧烤、酒吧和咖啡店的流行集团的行政主厨。

干事说明：“这里是评审的战情控制中心，师傅的赛场则在那里。”他用手指向一些关起来的门。在那些门的后面是个宽敞的大厅，八位寿司师傅将在那里完成他们的准备工作。

“俊是我们的评审顾问，若有任何关于如何评分某项的问题，请跟俊请教。”干事一边说，一边分发夹着评分表的夹板和计算机给每位评审。

大会要求比赛的师傅做出三盘寿司。第一个是握寿司和日式细卷的传统摆盘；第二个是他们自己设计的美式创意卷；第三个则是州长卷——里面须包含加州州长阿诺·施瓦辛格最喜欢的寿司材料。这位魔鬼州长的清单包含海胆。

太鼓砰然重击，声音穿墙而入，宾客开始陆续抵达。委员会预期有 250 位名流和重要人物参与这场赛事。

干事说：“比赛在六点开始，师傅有四十五分钟。”

俊往回闲逛到外面中庭，找到杰。他们悄悄走到开胃小菜前，俊检视这些食物。

“又是寿司？”

杰窃笑：“看吧！你还不庆幸我们在机场吃过了？”

美国烹饪协会的厨师指导与俊商讨评分的标准。几分钟后，八位角逐者沿着大厅的三面墙，各就各位。委员会是根据受欢迎的程度来评选。每位师傅在加州最大的报纸和美食指南上都获得了最高评价。

加州最受欢迎的寿司师傅中，只有两位是日本人；另外两位祖籍是中国；有三位看起来好像是拉丁美洲人；一位是白人。

一阵骚动引起俊的注意。一组摄影工作人员把明亮的灯光照在其中一位师傅身上，有个男子拿着麦克风在访问他。一群人围上去，俊也闲晃过去，设法挤到前面。

受访者是两位日本师傅中比较年轻的新井太郎。新井的餐厅位于萨克拉门托当地，他是本地的寿司名人。新井个子很高，热情洋溢，发上绑着橘色头巾，看起来很显眼。一身俗丽的棒球套衫，过大的黑鞋上有个巨大的银色扣饰。他对着摄影机回答问题，显然他最受观众喜爱。

俊看的不是新井太郎，而是他的桌子。那里一团糟：蔬菜和酱料罐散落在桌面，还有新井那把特别长的黑柄寿司刀，和他的摩托罗拉手机，俊摇头咋舌。

强而有力的擂鼓声宣布竞赛开始，八位师傅立即展开行动。拿麦克风的男子在各桌之间跑来跑去，透过广播系统传送最新实况报道。

白人师傅华纳还没把任何材料放到桌上，桌面几乎空无一物。他拿出一根小黄瓜，开始进行圆柱状削皮，就像寿司学院的学生所学过的一样。电视摄影机和广播员轻松地走到华纳的桌边，停留了一分钟，然后就赶快转回去对面新井太郎的工作台。华纳始终盯着刀子和小黄瓜。

在新井的工作台，俊直接站在这位年轻日本师傅面前，距离他的桌子只有几厘米，凝视他的砧板。新井的长刀在砧板上飞舞的速度非常快，食物碎屑似乎四散而蒸发了。每隔几秒钟，新井就往上一瞥，边工作边对观众发出胜利的微笑，不曾停止切片、削皮、切块和捏压等动作。他做握寿司的速度快到手都看不清了——每组鱼和饭的组合不出五秒钟就从他指间出现。

俊在他的计分表上草草记录，然后继续前进。在某几个工作台前，他扣分的原因只是因为师傅戴手表和戒指。连他的学生都不会犯这种基本卫生的明显错误。有位师傅穿的厨师服甚至有花哨的细条纹袖套，工作时都会擦到食物，俊目瞪口呆。

俊来到华纳的桌前时，第一声鼓声刚巧响起，响彻整个大厅，表示已过了十分钟。俊看着华纳在鲥鱼鱼块上切片，他的工作区域洁净无瑕。俊回到新井那边，看到切得参差不齐的蔬菜和鱼，以及半成品的卷寿司，在他桌面上四处散落。新井“啪”地一声把一片白鲑放在饭团上，放上酱汁和各色鱼卵组成的精致配菜装饰，不断对围观观众微笑。

第二声鼓声响起，俊又绕完一圈。其他师傅又被俊扣了分，这次是因为他们的竹帘卷放反了；没有把小黄瓜卷卷得又紧又方正；还有的让洋葱切片和酪梨切片接触盘子和工作台面。

第三声鼓声响起。俊再度观看华纳，华纳正在摆设完成的寿司，此外，他的桌面很空，而且一尘不染。俊回到新井那里，他的桌子看起来像是被台风扫过的杂货店。

最后一声鼓声响起。每位师傅都摆出三盘寿司。俊忽略寿司。他走到桌子后方，仔细检视每个工作台的地面和架子是否干净、有条理，有没有掉落的食物。

杰匆忙赶到俊身边，说：“战情控制中心要你过去。”

俊摇头说：“我还需要一点时间。”

俊准备好后与其他评审会合。随着双门在他身后关上，观众的嘈杂声也随之隐于宁静。评审在两张靠墙的桌子边徘徊。参赛者的寿司盘摆出来像个自助吧。美国烹饪协会的厨师指导伍思克身穿浆得笔挺的白色厨师服，靠近其中一张桌子。他低头看着新井太郎的寿司盘。

伍思克是个气势雄伟的人，有个向后高倾的额头和尖尖的鼻子。

他教授亚洲料理。他去过日本、印度、越南、泰国、韩国和中国。俊靠近他，站在他旁边。伍思克转向俊，指着新井的寿司说：“这堆狗屎是什么鬼东西？”俊轻笑并点头。他沿桌走下去，拿起夹板，扣掉其他参赛者更多分数。他尝了几个卷，略过其他卷。他坐下来敲打计算机，然后交出评分表。

俊转向伍思克，说：“脏乱的师傅！”

伍思克说：“在那看到的东西没给我什么好印象，我品尝的东西也没有。”伍思克注意到，只有年纪较大的那位日本师傅准备了一桶水洗手。

俊点点头说：“我绝不准我的学生那样做寿司。”

“他们没有受过专业的训练。”伍思克说。

俊再次点头，他和伍思克交换名片。

伍思克说：“今天活动最好的部分，就是认识了你。”

在回机场的出租车上，俊和杰回顾比赛结果。评审结果与俊预期的一样。评审把新井太郎从每个项目都剔除——寿司师傅表演得太过火，就是这么一回事。

加州最受欢迎的寿司没有一个获得评审多少青睐，结果，赢得寿司大师头衔的人几乎不战而胜，他有最单纯的传统摆盘方式，而且他做寿司的基础技巧有点像传统日本师傅的技巧，这个师傅是个叫做华纳的白人，对此俊和杰都不觉得讽刺。这证实了他们对于美国寿司所认定的每件事，也提醒了俊经营加州寿司学院的原因。俊相信任何人都能成为寿司师傅。见鬼了，**他自己**就成为寿司师傅了呢！

在飞机上，俊点了一杯威士忌，靠回座椅上。25 年前，他打破传统，把寿司介绍给美国人，把寿司变成美式风格。他帮助寿司在他移居的家乡扎下深根成长。今晚，他见识到美国的寿司多么迫切需要纪律。伍思克的确一语中的，加州最受欢迎的寿司师傅没有经过严格的训练。

当飞机降临洛杉矶时，俊往下凝视肆意蔓延的都市灯火。也许，美国寿司终究还是需要他。

第四十八章
毕业派对

星期五上午，凯特穿着夹脚拖鞋走进哈玛荷摩沙空荡荡的用餐室，整个学期以来，她首次把可爱的棕发放下来。其他学生鱼贯进入。没有穿戴厨师服和厨师帽时，他们看来就像一群普通人。唯独马可斯，他穿着黑色紧身T恤，比起穿着凌乱的厨师服时，看起来还比较成熟、俊俏。

不过，拓美穿着厨师服，一直在厨房揉比萨面团，炖煮番茄。

他们在用餐室的桌子坐下来，然后杰发下最后的书面测验。凯特在卷子顶端签名，还画上爱心形状当装饰。学生都埋首考试。

用餐室已经清空了，艺术品不见了，钉子头从墙上突出来。玄关里那尊闪亮的金色佛像消失了，仅存的装饰是墙上菲尔·杰克森的签名。

拓美做完测验，连忙跑回厨房。他穿上围裙，为自己倒了一杯红酒。他在工作台上洒上面粉，用手掌根揉压比萨面团。他把棒球帽反戴，帽上饰有色彩鲜艳的日文字“鮨”。

学生陆续完成测验。当杰在计算学生这学期的成绩时，一群学生去外面吃冰淇淋，在阳光下于海滩附近散步。

近中午时，餐厅经理把用餐室的桌子都推到一处，把它们变成一个很大的长方形。他铺上白色桌巾，俊则摆上装满冰块的银色酒桶和几瓶昂贵的清酒。

学生再次集合，接待家人和朋友。马可斯的妈妈从科罗拉多州飞来。不久，拓美从厨房拿来几盘比萨、意大利面和意大利烩饭；厨房师傅则带来鸡翅和炖猪肉，杰带来肋排。

杰请大家注意，“你们的生鱼片测验让我很惊讶。”他指的是实务测验的一部分。“每个人真的都进步了，”他停了一会，“我真的很以你们为荣！”

杰举起一叠纸，每位学生都有一张，上面有自己这学期的总成绩和排名。“上面不会显示别人的成绩，只有自己的。”

俊一把抓过这些成绩单说：“我看得出哪张是马可斯和小凯的！”大家都大笑，连凯特也笑了。俊渐渐正经起来，一一点名。每位学生都站起来，俊给每人一张证书、一张全班合照和一张成绩单。学生互相鼓掌喝彩。俊颁给凯特时，给了她一个拥抱。当他喊到马可斯的名字时，马可斯看起来很惊讶，他说：“我毕业了？！”他挥起拳头。

俊颁发奖项，一个是给全班成绩最高的学生，一个是给拓美，他获得第二名。然后俊宣布特别奖。

“凯特！”她站起来，他给了她一个袋鼠填充玩偶——一个迷你版的卓南。接着，俊发表一段简短的演说。

“这星期我去看寿司大师比赛。没给我留下什么深刻印象。我不知道为何我得从他们当中决定谁是寿司大师。相较而言，我的学生更优秀。”全班喝彩，俊点点头，“他们真是一团糟！所以，记住我告诉过你们的事。保持清洁，保持砧板干净。好了，就是这样。”

俊要求每位学生也说点话。轮到凯特时，她站起来，清清喉咙。

“真希望我事先有所准备！”她停了一下，“哦，等等。”她从口袋中抽出一张纸，大家都笑了。“首先，”她像个狂喜的电影明星般轻拭眼角，“我想……感谢学院！”笑声更大了。

凯特严肃起来：“和大伙在一起我真的很开心，尤其我们只有两个女生。”最后，凯特的确觉得自己是其中一分子，而且显然她的同学都接纳了她。“我会想念你们的。”她说。

轮到拓美时，他把拇指勾在围裙的带子上，然后鞠躬。“非常感谢大家！”他稍作迟疑，“我必须更加勤练英文，非常感谢大家！”

杰说：“让我们举杯，敬加州寿司学院的第十三个班。”在正式活动之后，凯特给每位同学一个用马尼拉纸做的信封。里面是一张便笺，还有一张放大的照片，是凯特的妈妈在学生寿司吧时拍下的大家的模样。

俊对着大家大喊：“好了，大家开动吧！”他停顿了一下：“我们今天没有寿司。”有人轻声窃笑。每个人都大口吃了起来，他们很开心能吃到熟食。

不久，马可斯和大家道别。凯特给了他一个拥抱；俊拍拍他的肩，与他握手说：“祝你好运！”

俊坐下来，拿起拓美的比萨，吃得津津有味。他开怀大笑说：“好班级！好团队！”几分钟后他悄悄离去。

拓美和哲一同坐在雅座。几天后他就将飞回日本了，他很期盼见到妻子和女儿，但他很怕降临东京机场。毫无疑问，狗仔队一定会在那里等着。拓美希望有一天能再回到美国，或许来这开家餐厅。

凯特一直在此闲晃到派对即将结束，最后她和大家道别回家。隔天她马上又回来了。

凯特已经完成所有的实习时数了，但杰还在上最后一堂市民的课，凯特想要帮忙。她用竹勺舀出寿司饭、端盘子、将海苔对切成半、协助初学者做基础小黄瓜卷。

他们做的时候，杰试图跟大家传达小黄瓜卷的重要，“假如你们在工作面试时把小黄瓜卷搞砸了，就像在考驾照时出车祸。”

凯特点头，噘起嘴唇说："就是该死的小黄瓜卷让我一败涂地。"

快要下课前，杰最后又说了几句话。

"大家仔细看看凯特，有一天她可能会为你们做寿司。"

凯特伸出了双手，像个魔术师对人群表演般挥舞着双手，对大家微笑。

下课了。阳光从天窗流泄进来，照亮凯特的白色上衣。她站在桌前，也就是卓南以前站的位置，为自己做了一个辣鲔鱼卷，她现在动作很熟练，让人觉得很舒服。当她完成时，她把剩下的寿司饭和混合好的辣鲔鱼打包，打算带回家练习。她把教室桌子擦得一尘不染，收拾好零星物品。然后她站着不动，环视整间教室。

室内一片寂静。冷藏室和电冰箱的电源已经拔掉，门都打开了。教室的架子空了。凯特凝视墙上的软木板。上面用大头钉挂了好几张学生用拍立得相机互拍的照片。照片已经泛黄，仿佛有百岁之龄。

她看着前寿司吧。工作台下方的矮冰箱静静立着，门也打开了。

凯特低语："好空荡。"她凝视空无一物的鱼柜。

杰肩膀靠着墙，站在走道看着她。她漫步回到教室，用手指沿着长钢桌拂过去。

"嗯，我想就这样了。"她说，再看一眼这个她站了十二周的地方。"再见，桌子。"她挥挥手，然后转身离开。

大厅的餐具架上有一叠盘子，上面印有加州寿司学院的标志。

"我能拿个盘子吗？"

"你要加州寿司学院的盘子？"

"对。"

杰点点头："拿去吧。"

她把盘子搂在胸口。

杰拿给她一本书，补充说："给你的东西，是从楼上拿来的。

一本寿司食谱。”

“谢了，杰！”

“认真工作，让我们骄傲一下。”

“我会的！星期一我就要开始找工作了。”

尾声

第四十九章
返乡

凯特回到公寓时，她频频吸鼻涕。星期一她感冒了，无所事事，感觉很厌烦。有一天她接到杰夫的电话，他告诉凯特比佛利山庄附近的一个购物商场开了一个高级美食街，里面有寿司吧。虽然不是夜总会工作，不过他们在找寿司师傅。

店经理开车到托伦斯，在星巴克和凯特面谈。他看起来像亚洲人，不过她不确定他是不是日本人。寿司吧预计在 11 月 16 日开业，这天恰好是凯特的 21 岁生日。假如这表示在这个领域找到工作了，那么凯特愿意等待。杰夫也推荐班上其他几位同学去那里工作，那将仿佛回到旧日时光。

开业时间从 11 月 16 日改到 12 月。凯特待在公寓里百无聊赖，变得很消沉。之后，她收到了一线来自澳洲的曙光，是卓南问候她的电子邮件。

寿司吧终于在 12 月的第二周开业了。凯特得开车到商场，以交通状况来看，每天上班要花两个小时。

店经理经营事业的方式像个卷寿司工厂。凯特和另两位同学是廉价劳工，他们一次要做出 100 条加州卷和辣鲔鱼卷，把它们塞进冰箱，以应付午餐的抢购人潮。这不是凯特所学的寿司上菜方式，她和客人几乎没什么互动，她从未收到任何小费。

每天早上五点凯特拖着身子起床，八点前抵达商场，工作要轮班十小时。轮班的时间变长了。某天，在十四个小时的轮班中途，一位女士咬了一口大量制作的加州卷，抱怨道：“这个发臭了！”

凯特并不惊讶，那个卷不新鲜。凯特还来不及说点什么，店经理就先代为说情。他责怪凯特，并向那位女士道歉："她做的东西如果您不喜欢，我不会让您付钱。"

泪水涌上凯特的双眼，但她没让眼泪流出来。店经理要她去外面走走，抽根烟。这是她一整天唯一的片刻休息。

到了周末凯特又生病了。上班途中，她打电话问是否能调班。在电话中，她感觉到，他们并不在乎她生病，而且她是可能被辞退的。

她把车子掉头，打电话给其中一位同学，告诉他她不会再去商场工作了，同学也在一周后辞职。凯特收到支票，金额不到他们欠她的一半。她拥有寿司师傅证书，却连最低薪资都拿不到。

凯特翻寻相册，找到一张她很喜欢的独照，看起来很坚毅。她把这张照片贴在她福特野马汽车的仪表板上。

然后凯特开着车在托伦斯绕圈。她在她找到的每一家寿司店前停下来，走进去找工作。亚洲寿司师傅都只是好笑地看着她。她走出去，在车里坐一会儿，凝视自己的照片，然后她继续开往下一个地方。

到了1月中旬，凯特的钱已经用完了，她又陷入忧郁状态了。她失去胃口，体重掉了4.5公斤。她承认自己失败了，打包行李，开车返回圣迭戈。她租不起公寓，只能搬去跟祖父母同住。她一路开到墨西哥，停留了一周，拜访了几位朋友，坐在海滩上思考。

凯特做过很多不同的工作，没有什么比在寿司吧和客人互动更让她喜爱。凝视着太平洋，凯特决定她还不到放弃寿司的时候。她开车回到圣迭戈，心中已有计划。

首先，凯特放下尊严，回到前男友经营的冲浪店工作，目的只是为了多存点钱。幸运的是，她的前男友不在。

她的汽车仪表板上仍然贴着那张照片。她开车在圣迭戈太平洋海滩的大马路上行驶。她从没见过这么多家寿司餐厅，1.6 公里的距离，就有俳句寿司、美香寿司、歌舞伎寿司、东京屋、禅五寿司、寿司先生、列香枝寿司和太平洋海滩寿司。想必一定会有哪家需要寿司师傅。她走进每一家餐厅自我介绍，寿司师傅只是好笑地看着她，太平洋海滩寿司愿意请她当服务生。

然后凯特注意到，离主要街道较远的地方，有家新开的餐厅叫山葵寿司，窗户上贴了一张《诚征助手》的海报。

她深吸一口气，大步走进去。客人坐在寿司吧的位子。凯特向吧台后的男子作自我介绍，说明她是加州寿司学院的毕业生，正在找寿司师傅的工作。那男子听完她自我推荐，给了凯特一个建议："女生当不成寿司师傅。"

她走出去，坐在车上，凝视她的照片。这不再有帮助了。

绮罗罗进入电视转播的做寿司比赛"21 世纪寿司争霸战"时，充满信心。她晋级最后决赛，面对全身肌肉的劲敌——男师傅阪卷。最先赢得五场比赛的人将获得冠军。

绮罗罗与这个大块头的男人竞赛，输了前三场。她的信心被摧毁了。老师要她停止专注表面技巧，她必须展现给评审她的灵魂。

两周后，凯特的祖母拿了一张报纸给她，上面有三个分类广告在征求寿司师傅。凯特尽责地打了电话到这三家店留言。

当她的电话响起时，她正开着车在城里到处跑，处理一些事情。跟她通话的男士叫杰克，他请凯特顺道过来餐厅。

"现在吗？"

"对，当然，就是现在。"

凯特把车子调头，开往橄榄球场附近一家还没完工的零售百货店。她找到那个地方，是在麦当劳隔壁，叫做冲敦日本小酒馆。

入口挂着一件高雅的和服。凯特往里面看去，看到一个厚木寿司吧，上面是黑色花岗岩面的上餐台和一排闪亮的黑色鱼柜。黄色的纸灯笼从天花板垂吊下来，还有淡色木头的斜切面，让人想到佛教庙宇的屋顶。在所有东西的正中央，站着一位高大的男士，他叫杰克。杰克的下巴很尖，有个尖挺的长鼻子和一头花白头发。他不是亚洲人，他看起来像意大利人。

杰克告诉凯特，经理几分钟后就会回来。经理回来了，他长得和杰克很像。他伸出手，他名叫阿比，是杰克的哥哥。

杰克和阿比是波士顿人，有爱尔兰和意大利的血统。他们最近才刚从日本回来，之前在日本住了几十年。他们的目标是在美国提供日本食物，而且是以比日本人更地道的方式来做。当她们看到凯特时，他们认为，比起非美国人的师傅，她可能更容易和美国客人互动。结果会比较接近日本客人在日本寿司吧所得到的体验。

阿比和凯特聊了几分钟。

“你何不后天过来做点准备工作？”阿比说，“让我们看看你能做什么。”

“喔，讨厌！”凯特心想，**“他们会要我切小黄瓜！”**她已经疏于练习了。她知道如果在面试时把小黄瓜卷搞砸会怎样。

两天后凯特回来时，她像鲔鱼追捕乌贼般赶着做准备工作。她洗米、煮饭、准备好蟹肉和辣鲔鱼肉糊，她把酪梨切成四等分、把水拌进山葵粉、切小黄瓜。她用眼角余光观察那些人——其他师傅、洗碗工，甚至送货员，都在各司其职地忙碌着。

阿比观察凯特。最后，他把她带到一旁。

“你还需要练习。”阿比告诉她，“不过你工作很认真。我们决定聘用你。”

寿司师傅总厨是个严格的韩国人，叫做蓝迪，他给了凯特一件上面有中国绳结钮的纯黑厨师服，分派她站在寿司吧一个远离客人的角落，在午餐、晚餐时段，他不断丢给她制作卷寿司的指令。凯特的切工技巧进步了，她把刀磨得很锋利，还在刀柄上绑上粉红色的蝴蝶结，这样大家就会知道这是她的。

蓝迪和其他师傅开始教凯特东西。不久，蓝迪就要凯特在厨房帮忙切除鱼头、刮鳞片。切鱼在某种程度上突然变得很重要，这在寿司学院不曾如此，因为客人会真的吃到这些鱼，所以她更仔细地做这项工作。

过了一两周，蓝迪给凯特一个寿司吧的位置，让她能和客人互动。其他寿司师傅不太会说英文，但客人可以跟凯特对话，而且同她聊天很有趣。她会建议他们尝试一些东西，甚至还会推荐一些不在菜单上的寿司。

一开始客人是说：“哇，女寿司师傅耶！”现在客人走进来会说：“嘿，凯特，最近好吗？”

有时她的常客会为凯特买罐啤酒。她其实一点都不爱喝啤酒，但那些啤酒喝起来很美味。三周后，其他师傅开始跟凯特说话。当客人埋单并起身离开时，阿比总是问他们是否满意，有次凯特碰巧听到：“凯特很棒！我们还会再来！”

3 月的某一天，在午餐和晚餐间的休息时段，凯特跳上福特野马汽车。

她慢慢开着车，沿途经过所有拒绝她的餐厅，路经他前男友的冲浪店。然后她加快油门经过山葵寿司，那里的亚洲男子对她说，女生当不成寿司师傅。她把拳头伸出窗外挥舞，大喊：“我等着看你们下地狱啦！”凯特回到杰克和阿比的餐厅，在寿司吧后就位。五点时，客人开始涌入。到了七点，这里已经客满。

阿比把灯光调暗，头顶上的黄色纸灯笼散发出光芒。客人挤满了寿司吧。一位绅士缓步走进餐厅，坐在凯特面前。她边为他捏制握寿司当晚餐，边和他交谈。他靠回座椅，看着她，说了几句话。凯特大笑起来，声音响彻全室，仿佛飞鱼从海里破水而出。

一年后

2006 年夏天，凯特仍在圣迭戈当寿司师傅。后来她为了进一步加强自己的厨师训练，而申请就读圣迭戈烹饪学院。马可斯在科罗拉多州当寿司师傅，计划要上大学。在东京的拓美，则在一家韩国餐厅当厨师，目标是继续拓展他的烹饪视野。菲回到丹麦，在一家餐厅工作，一年来艰苦忍受亚洲师傅的歧视。然而最后，她获聘成为总厨，还获得了一份工作，拍摄丹麦寿司制作的指导影片。

在洛杉矶，俊在荷摩沙海滩北方，玛丽安德尔湾附近的一个新地点，重新开设加州寿司学院，而卓南也在 2006 年秋天回到学院授课。杰和杰夫合伙成立了一家新顾问公司，叫零寿司，目标是帮助先前没有寿司相关经验的餐厅老板进入这一行。

漫画《绮罗罗的寿司》第十三集在 2006 年 10 月发行，内容是绮罗罗在寿司制作竞赛中落后。在这一集的最后一页，她像个功夫武士般，采用另一种做寿司的新姿势，并且宣布她有一项秘密武器。

附录一

如何正确吃寿司

很多美国人走进寿司吧，选择桌子而不选择吧台，因为他们觉得寿司吧位子令人畏惧。坐在桌子位子感觉熟悉，从菜单上点菜也是。加州卷和其他美式卷寿司往往比较受欢迎，这只是因为，用餐者知道那里面有什么。

不理会熟悉的事物，而选择坐在寿司吧位子，需要勇气，但这个体验比较有趣。首先，传统寿司师傅给寿司吧客人上的寿司，多半都不是卷寿司，而是握寿司——用手捏出矩形饭团，上面放鱼片。不知道会有什么东西，不管是材料或上菜顺序都不晓得，这是寿司乐趣的一部分。

若知道不是只有他们自己这样，美国人应会稍感欣慰。很多日本人也觉得寿司吧令人生畏。日本有对搞笑艺人组素以不敬的文化评论闻名，他们在2005年制作了一个名为《寿司：日本传统》的电视节目。这个影片在网络上广为流传，在美国和日本皆然。旁白这么说："寿司，是代表日本的点心。"当旁白说出下一个句子时，精明的观众抓到不对劲的第一个线索。"多数日本人每天都到寿司吧用餐。"日本观众觉得很好笑，事实上刚好相反。很多日本人，尤其是女性，根本很少去寿司吧用餐，因为他们和美国人一样，很怕寿司吧。

一般日本人对于在寿司吧的合宜举止没什么把握，影片接着就从这部分激起笑点，提供这方面言行举止的指引。在这个过程中，影片展现了多数日本人对于社交礼仪的迷恋程度。

例如，影片说明了，熟客进入寿司吧时，掀开入口处的门帘前，手必须先以四十八度角，放在门帘从角落算来8厘米的地方。在里面，他们要向其他常客鞠躬致意，询问吧台位子是否有人坐，借此展现出良好的教养和对社会责任的敏锐。在吧台上，影片指导客人要倒刚好20立方厘米的酱油到碟子里。客人一定只能用主厨来称呼师傅。此外，客人绝不能问师傅的事，因为每个寿司师傅都有神秘的过往。影片至此，师傅一边擦亮刀子长长的刀锋，一边以恐吓的表情怒视着摄影机。

日本观众都知道所有内容皆为讽刺之作。但有些人在网路上表示，他们很担心西方人会把影片当真。毕竟，西方人比日本人更不熟悉寿司吧礼仪。首先，如同影片所指出的，传统寿司吧没有服务生或菜单，那么客人要如何点菜?

事实上，当客人坐在日本的寿司吧位子时，他们通常会用这三个词汇中的一个开启话头：套餐（*okimari*）、单点（*okonomi*）或主厨推荐（*omakase*）。根据客人选择的这三种方式，点菜的进行方式会不同。

“套餐”，意思是已经决定。客人用这个字表示他选择吃店里的标准套餐，这是价格固定的寿司集锦，由师傅选择内容，一次全部上菜给客人。

“单点”，字面意思是随我喜欢。客人用这个字表示他知道自己想吃什么。他点不同种类的鱼，吃的时候一道一道上。客人点不同的鱼，上菜顺序不是那么重要，但是多数寿司行家会以较瘦、口味较清淡的鱼开始，然后逐渐吃到风味较重、脂肪较高的鱼。在多数寿司吧，当客人点特定的握寿司料时，师傅会用同一种鱼做两贯握寿司，日本人通常吃了两贯就接着吃不同的握寿司料，同一种鱼很少会吃两贯以上。对多数日本人而言，寿司的重点就是享受各种变化。只单点鲔鱼肚、海胆、珍贵的蚌等高级品的客人，当然会预期自己当晚最后的账单高于平均价格。

“主厨推荐”，意思是由你决定。这是邀请师傅用他最好的材料给客人惊喜，用师傅相信最能凸显握寿司料风味的顺序上菜。师傅可能会加上其他小菜来强化寿司。通常客人点主厨推荐时，表示他完全不怎么在乎这一餐的价格，准备接受某种程度的消费。

不管客人怎么点，有些寿司专家建议，在走进寿司吧大门前，客人有责任先了解某家寿司吧的价格范围。高级寿司吧的鱼类选择依每天状况而调整，所以客人必须愿意信任师傅所算出的该餐价格。而推托争论则是很失礼的。

有时结果是客人占到便宜。在日本，传统寿司师傅以靠记忆算出每位客人的账单闻名。小野二郎在一场访谈中，坦承他常常忘记算鲔鱼前腹肉，这是他最贵的菜色之一。他大笑着告诉采访者，几年来他忘记的金额，累积起来很可能高达八九千美元。

在美国，很多寿司餐厅制定菜单和明确的价格，因为这是美国人期待的方式。但是虽然菜单可能让美国客人比较自在，但也会使客人打消请师傅做其他当季菜色的念头。

还有另一种点菜的方式。客人可以直接请师傅推荐菜色。《寿司:日本传统》指出，很多寿司食材都是非法捕猎的濒临绝种动物，所以除非你问，不然师傅不会明讲有那些食材。影片播到这里时，荧幕闪过海龟、奇特的蜥蜴和猫熊的图片，这时即使是西方观众，也会明白这是讽刺影片。影片中的客人一边吞下寿司，一边告诉自己：“我什么都不知道。”“这不关我的事”“这是师傅的错。”旁白下了评论:“这，就是日本人的方式，以这些想法来容许大家享受各式各样受保护的动物。”这个笑话很好笑。但举例来说，思及黑鲔鱼的困境，就很真实，而且，不只针对日本而已。

接着是点餐后的吃寿司技巧。多数寿司吧工作台上方几厘米处，有个狭窄的柜子，师傅可轻易触及。假如客人选择单点或主厨推荐，师傅就在柜上放一个长方形架子，通常是木头做的，架上是空的，只放一小堆腌姜片（只有在美国，师傅才会另外加一点山葵）。这个长方形木架是寿司下驮，日文叫“哥打”（*geta*），因为它看起来很像也叫“哥打”的传统日本木屐。客人应把寿司下驮留在柜上，让师傅拿得到。师傅会把握寿司放在寿司下驮上。假如握寿司的酱料比较多，师傅多半会用盘子装，寿司下驮就留空。

多数寿司吧把酱油瓶和装酱油的个人用小碟子摆出来。比较好的寿司吧在酱油里添加高汤、清酒、味醂，做出招牌酱油，也叫调味酱油。最好的寿司师傅通常在上菜前，会先把自己的酱汁或调味料加在鱼上，并告诉客人不要额外再加酱油。有些寿司行家完全不用酱油，喜欢专注品尝鱼细致的风味。

至于山葵，日本的师傅不在旁边另外放山葵，因为他们已经把自认为适当的量放进握寿司了，就夹在握寿司料和饭之间。通常如果是高脂肪的握寿司料，师傅会增加一点山葵的量。很多美国人已经养成习惯，会多弄点山葵拌进酱油里。师傅和多数日本用餐者看到这种行为，会皱起眉头。比较好的方式是，客人请师傅调整握寿司里山葵的量，以符合客人的喜好。美国人把山葵拌进酱油，是为了增加辛辣度。但是，山葵（或被认为是山葵的绿辣根）浸在液体中，很快就会失去辛辣感和风味。

好的握寿司须能溶于口，所以师傅不太喜欢把饭挤得太紧实。多数寿司行家用手指拿起寿司，因为筷子可能会把捏得松散的握寿司弄散。有些人主张用筷子比较好，因为不同鱼的风味残留在手上，让人无法完整品尝每一种握寿司料的个别风味。但是多数寿司吧会提供湿巾给客人使用，每种握寿司吃完都用湿巾擦擦手指，就足以区隔各种风味了。同样地，腌姜片的目的也是在不同种类的鱼之间，清清味觉。姜片不应当作开胃菜吃，但如果寿司下驮上的姜片用完了，可以向师傅多要点。

用手吃握寿司的方法因人而异。有个选择如下：用餐者用拇指和中指轻轻握着握寿司的侧边，就在这个矩形的中点。把食指沿着握寿司的顶部延伸到同长，握法有点像在握电脑鼠标。轻轻握住握寿司，从寿司下驮上拿起来。然后食指弯曲，用指尖把握寿司的底端往上朝着自己拿过去，让这个矩形来个180度的旋转，此时拇指和中指还是握着它，如此一来握寿司就颠倒过来了。这样用餐者就能用握寿司的鱼面蘸酱油，而不是用饭面蘸。如果用餐者拿起捏得松散的握寿司，用饭面蘸酱油，这个握寿司就会在酱油里散裂开来。

师傅如果看到客人拿筷子，或是用饭面蘸酱油，他们就会把握寿司做得比理想状态还紧实。即使客人没有把握寿司拿去蘸酱油，很多人也喜欢把握寿司翻转过来，这样鱼就会先碰到舌头，不过那是个人喜好。假如客人不用酱油，把握寿司放进嘴里时鱼片朝上，这是完全可以接受的。

不管用哪种方式，握寿司都应该一口吃下，也应该在师傅上菜时随即吃掉，这样才能在米饭还微温的适当温度下品尝。传统卷寿司（海苔包在外面）也应该在海苔变湿前马上吃掉。假如师傅上一整盘寿司，应该先吃海苔包在外面的卷寿司，然后再吃握寿司。

吃生鱼片的礼仪有点不同。一定要用筷子吃生鱼片。（在使用前摩擦筷子是不礼貌的。设想筷子里可能有刺，对师傅而言是种侮辱。）师傅在生鱼片旁边放上一小坨山葵。客人应该用筷子直接轻抹一点山葵在鱼片上，然后用没抹到山葵的鱼片另一端蘸酱油，以免山葵和液体混在一起，失去辛辣感和风味。与生鱼片一起上的装饰配菜通常是一片绿色紫苏叶和一些萝卜丝，这些都可以吃，而且有助于消化。

是否要询问寿司师傅的神秘过往（影片中的玩笑说法），对此寿司专家的看法有分歧。多数人认为，寿司的独特之处，就在于师傅和客人间培养出的亲密感。与特定的师傅熟悉起来，一再回去同一家寿司吧光顾，是客人拓展视野的最佳方法之一。师傅很可能会把他最有趣、最高级的材料给常客食用。尽管如此，有些寿司专家主张，客人应和师傅保持恭敬的距离。

不论看法如何，多数专家都同意一件事：在寿司吧炫耀寿司知识的客人很讨人厌，师傅比较欣赏的是喜欢吃寿司而非聊寿司的客人。

附录二

用日语点寿司

futo-maki 大卷，用一整张海苔包覆的传统寿司卷，其中裹着数种食材。

hoso-maki 细卷，用半张海苔包覆的传统寿司卷，内裹一种食材。

kappa-maki 小黄瓜卷，一种细卷。

tekka-maki 鲔鱼卷，一种细卷。

te-maki 手卷，不用竹帘卷的快速卷寿司，呈圆锥状。

ura-maki 里卷，将海苔包在醋饭内层的美式卷寿司。

gari 腌姜片。

nigiri 握寿司，一种用手捏制的矩形寿司。

nikiri 师傅的“招牌”酱油，里面添加高汤、清酒和味醂。

okimari 点套餐，通常是寿司集锦。

okonomi 单点寿司。

omakase 由师傅决定要上什么菜。

The Zen of Fish by Trevor Corson
Copyright © 2007 by Trevor Corson

图书在版编目（CIP）数据

寿司：鱼片与醋饭背后四百年的秘密 /（美）柯森著；林婉华译.
—北京：中国人民大学出版社，2011.7
ISBN 978-7-300-14035-3

Ⅰ.①寿 Ⅱ.①柯 ②林 Ⅲ.①饮食－文化－日本 Ⅳ.① TS971

中国版本图书馆 CIP 数据核字 (2011) 第 135083 号

寿司：鱼片与醋饭背后四百年的秘密

郭伟强　主编
[美] 柯森　著
林婉华　译

出版发行	中国人民大学出版社		
社　址	北京中关村大街 31 号	**邮政编码**	100080
电　话	010-62511242（总编室）		010-62511398（质管部）
	010-82501766（邮购部）		010-62514148（门市部）
	010-62515195（发行公司）		010-62515275（盗版举报）
网　址	http://www.crup.com.cn		
	http://www.ttrnet.com.cn（人大教研网）		
经　销	新华书店		
印　刷	北京宏伟双华印刷有限公司		
规　格	170mm×230mm　16 开本	**版　次**	2011 年 7 月第 1 版
印　张	20	**印　次**	2011 年 7 月第 1 次印刷
字　数	238 000	**定　价**	45.00 元

版权所有　侵权必究　印装差错　负责调换